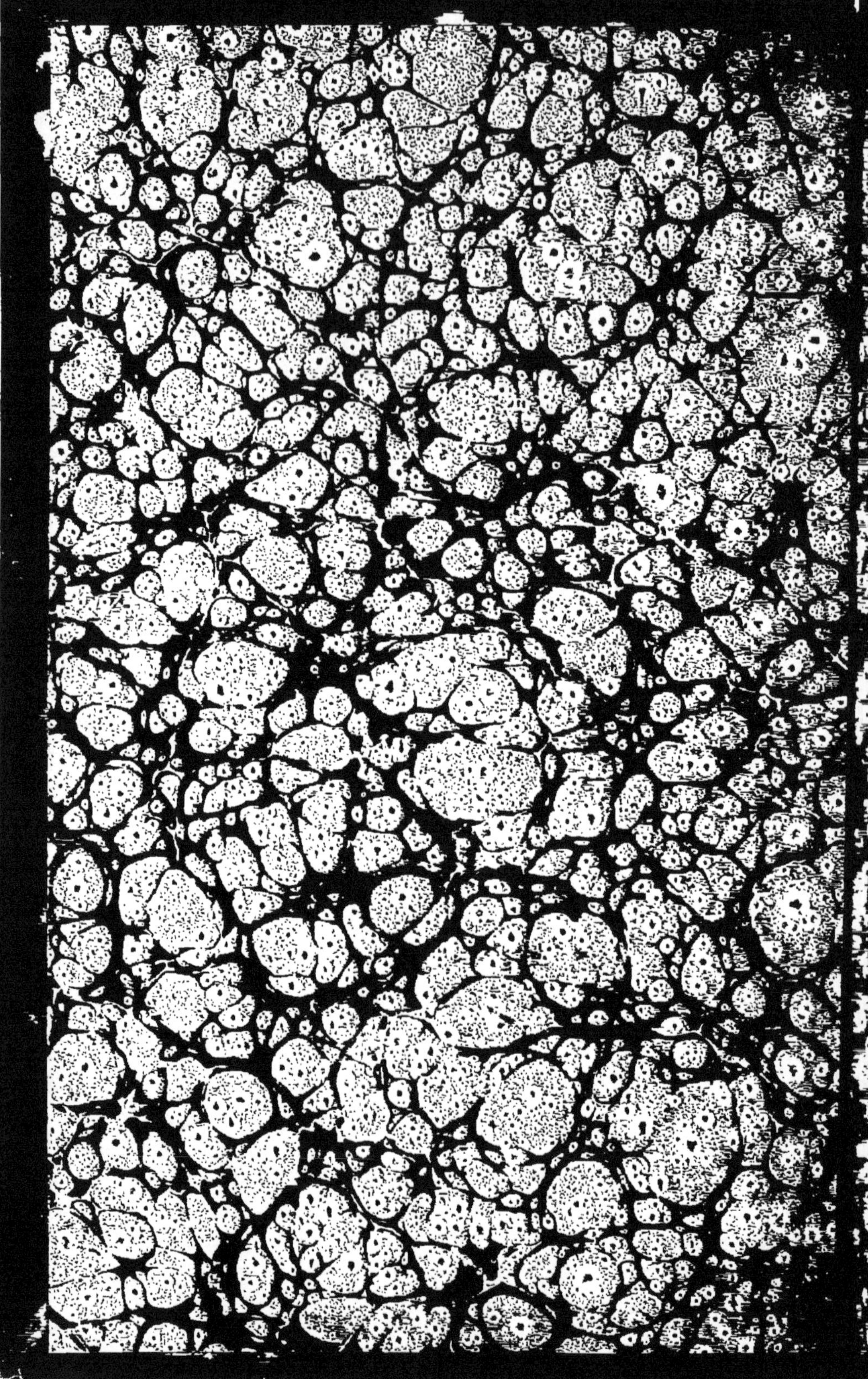

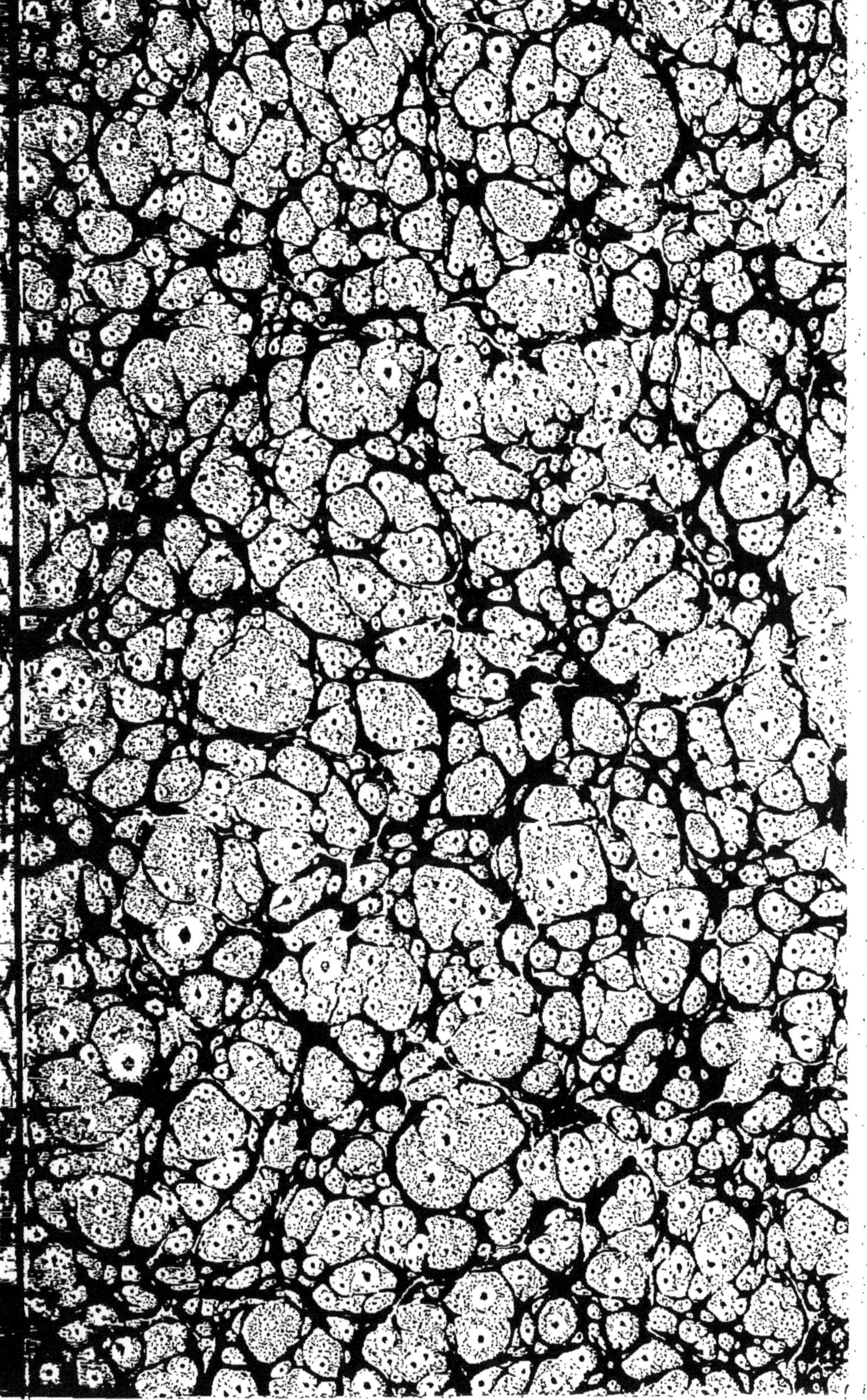

ART NOUVEAU

DE RÉGLER

LES HORLOGES

ET

LES MONTRES.

PARIS, IMPRIMERIE DE DECOURCHANT,
Rue d'Erfurth, n° 1, près de l'Abbaye.

ART NOUVEAU

DE RÉGLER

LES HORLOGES

ET

LES MONTRES,

CONTENANT

LA THÉORIE DU PENDULE, DU BALANCIER, DU PENDULE COMPENSATEUR;

L'EXPLICATION

DE L'IRRÉGULARITÉ DU MOUVEMENT DU SOLEIL;

CE QU'ON DOIT ENTENDRE

PAR ÉQUATION DU TEMPS;

LA MANIÈRE

De tracer soi-même des cadrans au soleil, aux étoiles, sur toutes sortes de surfaces; de déterminer le pôle et l'inclinaison de l'axe du monde; des tables d'équation pour tous les jours, avec la manière de s'en servir pendant un grand nombre d'années.

Avec figures.

PARIS,

RUE CASSETTE, N° 20.

—

1835

PRÉFACE.

—

On trouve dans tous les bons traités d'astronomie des méthodes pour régler, en tout temps, les horloges sur le mouvement diurne du soleil. Depuis un siècle et plus, les astronomes de l'Observatoire de Paris calculent, pour tous les ans, des tables qui donnent, jour pour jour, la différence qui doit exister entre le midi indiqué par le soleil et celui qu'une horloge bien réglée doit marquer vers cette heure.

En 1755, Ferdinand Berthoud, célèbre horloger, publia un petit ouvrage sur *l'Art de régler les horloges*, dans lequel il enseigne la manière de régler les horloges suivant les méthodes des astronomes; et toutefois ce n'est que depuis 1826 que les horloges publiques de la capitale de la France ne sont plus *forcées* de suivre la marche irrégulière du soleil.

Nous avons traité le même sujet que Berthoud, par les raisons que voici :

Cet auteur suppose presque toujours qu'on a à sa disposition une bonne pendule sur laquelle on peut régler les montres et les horloges.

Il donne, à la vérité, une méthode pour tracer une méridienne.

Il conseille en outre de s'adresser à des horlogers probes et habiles; c'est à peu près la substance de son livre.

Nous, au contraire, nous supposons nos lecteurs privés d'un pendule régulateur et des secours d'un horloger, et qu'ils n'ont point de connaissances en horlogerie; en conséquence nous donnons en peu de mots l'historique de l'invention et des perfectionnemens des machines propres à mesurer le temps; nous exposons la théorie et les effets de leurs régulateurs; nous expliquons le mouvement des étoiles et les irrégularités de ceux du soleil; nous enseignons la manière de tracer une méridienne avec toute la justesse désirable, plusieurs moyens pour trouver le point où est le pôle, comment on peut déterminer l'inclinaison et la direction de l'axe du monde. Notre livre contient en outre des méthodes pour tracer des cadrans aux étoiles, au soleil, etc. Toutes ces opérations peuvent être exécutées à l'aide d'instrumens qui ne coû-

tent rien et qu'on pourra construire soi-même avec des maté-
riaux qui se trouvent partout ;
enfin, nous donnons la description
d'un appareil fort simple, au moyen
duquel on sera en état de tracer,
en très-peu de temps, des cadrans
au soleil, sur toutes sortes de surfaces.

On trouvera encore, dans ce petit ouvrage, la manière de faire
sonner l'heure à un cadran sans
dépense journalière ; de faire marquer les jours de la semaine, le
quantième du mois à une horloge
à poids ; on y indique aussi les
épreuves qu'il convient de faire

subir à une horloge portative pour s'assurer si elle est bien construite; une dissertation sur le temps moyen et le temps vrai; une table indiquant, pour tous les jours de l'année, la différence qui doit exister entre les deux temps; la manière de se servir de cette table pendant plusieurs années, à toute heure de la journée, quand le soleil luit.

TABLE

DES CHAPITRES.

—

(XIII)

(XV)

Art de régler
LES HORLOGES

ET

LES MONTRES.

CHAPITRE PREMIER.

DU TEMPS.

—

Il est difficile, sinon impossible, de donner une définition exacte et claire de ce qu'on est convenu d'appeler le *temps*. Toutefois, les événemens qui se succèdent, les mouvemens qui s'opèrent autour de nous avec plus ou moins de régularité, peuvent nous faire concevoir ce qu'on doit entendre par ce mot.

Pour *mesurer* le temps, il faut observer le mouvement d'un objet, car l'homme, même le plus intelligent, qu'on enfermerait dans une chambre privée de lumière, ne pourrait, quand il en sortirait, dire combien de mois, de jours, d'heures, etc., il y serait resté.

Les premiers hommes évaluèrent le temps par les mouvemens du soleil, de la lune, des étoiles ; plus tard, ils inventèrent les cadrans *au soleil.* Ayant observé qu'un liquide, de l'eau, par exemple, s'écoule avec assez de régularité par un trou percé dans la paroi d'un vase qui en est rempli, on imagina les *clepsydres* (de *kleptô,* je cache, et *udôr*, eau). Ces machines avaient l'avantage de mesurer le temps même pendant la nuit. On pouvait régler leur marche en consultant un cadran solaire.

Dans le moyen-âge, on ne sait pas précisément à quelle époque on fit des horloges à roues dentées. Elles avaient un poids pour moteur, et leur marche était réglée par un *balancier* semblable à ceux qui remplissent les mêmes fonctions dans les horloges portatives, telles que les *garde-temps*, les *montres*, etc. Ce balancier n'était point accompagné d'un *ressort-spiral*; il oscillait lentement, et retenait le rouage par son inertie, de sorte que, pour faire avancer ou retarder une horloge, il fallait diminuer ou augmenter le poids de son balancier. Ces machines à roues dentées étaient de beaucoup supérieures aux clepsydres qu'elles firent oublier, mais elles ne pouvaient mesurer le temps avec autant de justesse que nos horloges.

Enfin, le savant Galilée ayant reconnu qu'un corps pesant, suspendu au bout d'un fil, faisait, quand on mettait le tout en mouvement, des oscillations qui s'accomplissaient en des temps égaux, il employa cet instrument, appelé *pendule*, pour mesurer le temps dans les expériences délicates que ses études lui commandaient. Les savans adoptèrent ce procédé ; mais ce ne fut qu'en 1657 que le célèbre Hollandais *Huygens* eut l'heureuse idée d'appliquer le pendule aux horloges, pour en régler le mouvement. Dès-lors ces machines eurent, à peu de choses près, toutes les perfections dont elles étaient susceptibles, et, pour les distinguer des anciennes, qui furent généralement abandonnées, on les appela *pendules*, du nom de leur régulateur.

Les horloges portatives reçurent encore de M. Huygens un perfectionnement de la plus haute importance ; en 1657, le savant mathématicien présenta au grand Colbert une montre dont le balancier était accompagné d'un ressort contourné en spirale (comme un serpent) (voir la *fig.*), et qu'on appelle *ressort-spiral* ou *spiral* tout court (1). Ce ressort accélère ou retarde les oscillations du balancier, suivant qu'il est plus ou moins tendu. Depuis que les montres ont reçu ce perfectionnement, on a pu les régler facilement et leur faire mesurer le temps avec beaucoup de justesse.

Telle est, en peu de mots, l'histoire des machines qu'on a inventées et perfectionnées pour mesurer le temps.

(1) L'abbé de Hautefeuille paraît avoir eu le premier l'idée de cette invention, mais son ressort était droit ; le docteur Hook prétendit de son côté que de Hautefeuille et Huygens étaient ses copistes.

<hr>

CHAPITRE II.

DU PENDULE.

—

La vitesse des oscillations d'un pendule dépend de sa longueur. Il nous est impossible d'en donner ici la raison mathématique.

Cependant les figures (1. 2. 3) pourront faire aisément comprendre que plus un pendule est long, plus ses oscillations doivent être lentes. En effet, quelle est la cause qui fait osciller un pendule lorsqu'on l'a mis en mouvement? c'est évidemment l'attraction que la terre exerce sur le corps suspendu à l'extrémité de sa verge.

D (*fig.* 1) est une sphère (boule) pesante, de matière que nous supposons parfaitement homogène, suspendue en un point fixe C, au moyen d'un fil délié *i*, dont le poids est censé nul : voilà un pendule dans toute sa simplicité. Sa longueur est comprise entre le point de suspension C et le centre de la boule D, qui est aussi le *centre* de gravité du pendule ; et en général la longueur de tout pendule est comprise entre le point de suspension et le centre de gravité de tout le système oscillant.

Dans la pratique on donne au corps pesant la forme d'une lentille.

Supposons maintenant que le pendule est en mouvement.

Au repos, le pendule prendrait naturellement la direction de la perpendiculaire C A (*fig.* 2); mais si on le met en mouvement, la boule D décrira un arc BAF, plus ou moins étendu, comme ferait un compas dont la pointe fixe pivoterait sur le point de suspension C. Or, on peut se figurer que l'arc BAF est matériel, et que la boule D est placée dans sa concavité ; si on la porte vers le point B, elle roulera vers le point A ; mais dans cette chute elle aura acquis une certaine vitesse qui la fera monter, vers le point F, à une hauteur presque égale à celle du point d'où elle sera partie ; nous disons *presque égale,* car la résistance de l'air et les frottemens atténueraient progressivement l'impulsion qu'elle aurait reçue, de sorte qu'elle finirait par s'arrêter.

Il suffit de considérer la figure pour se convaincre que la courbure de l'arc B A D diminuerait à mesure que la longueur du pendule augmenterait.

Car soit (*fig.* 3) un pendule dont la longueur est égale à la distance CD, la boule D décrira un arc AB ; si la longueur du pendule devenait i D, l'arc décrit serait EF ; cet arc deviendrait

GH quand la longueur du pendule serait réduite à la distance vD ; il est bien évident qu'une boule roulerait plus vite dans l'arc GH que dans l'arc EF, et plus vite encore dans ce dernier que dans l'arc AB.

Il faut donc diminuer ou augmenter la longueur du pendule si l'on veut qu'il oscille plus vite ou plus lentement. Nous donnerons plus bas les divers moyens dont on fait usage pour atteindre ce but.

Les longueurs des divers pendules sont entre elles comme les carrés des nombres qui expriment la durée de leurs oscillations ; ainsi, par exemple, si l'on exprime par 2 la durée d'une oscillation d'un pendule A, et par 4 celle d'une oscillation d'un pendule B, les longueurs de ces pendules devront être entre elles comme les carrés des nombres 2 et 4, qui font 4 et 16, c'est-à-dire que si la longueur du pendule A est de 25 centimètres, celle du pendule B en aura 100 ou quatre fois autant.

A Paris, le pendule qui bat les secondes a, suivant Borda, 440,6 lignes ou 993 millimètres, 8267. A Londres, cette longueur est de 994 millimètres, 1147. Les longueurs du pendule à secondes sont à

Quito	439,	10	lig.
Cap de Bonne-Espérance	440,	05	
Rome	440,	28	
Bayonne	440,	50	
Vienne	440,	56	
Pétersbourg	441,	02	

Richer, ayant été envoyé en 1672 à Cayenne, par l'Académie des sciences, pour y faire des observations scientifiques, fut surpris de voir que les horloges qu'il avait apportées de Paris retardaient; d'où il conclut que, dans cette contrée, la longueur du pendule

devait être moindre que dans la capitale de la France.

Les savans, avertis par cette observation, cherchèrent et trouvèrent aisément la cause de cette inégalité de longueur.

En effet, la terre tournant une fois
sur elle-même en vingt-quatre heures,
il en résulte que, sous les pôles, la force
centrifuge est nulle, et qu'elle augmente à mesure qu'on s'approche de
l'équateur où elle a plus d'intensité
que sur tout autre point du globe, de
sorte que sous le pôle un même corps
doit peser plus que sous l'équateur. On
se fera une idée de ce phénomène en
se représentant la meule d'un taillan-
dier tournant rapidement dans une
auge contenant de l'eau ; on sait que
tout près de l'arbre de la meule, le liquide est à peine agité, tandis qu'il est
jeté au loin par les points de la circonfe-
rence de la meule.

Sous l'équateur, l'attraction de la terre ayant moins d'énergie que sous les pôles, les pendules doivent osciller plus lentement dans la zone torride que dans les zones glaciales. Il est donc tout naturel qu'à Pétersbourg le pendule soit plus long qu'au cap de Bonne-Espérance.

Pendule compensateur.

Les métaux et les corps en général ayant la propriété de s'alonger lorsqu'on les chauffe, et de se raccourcir lorsqu'ils se refroidissent, il en résulte que la longueur d'un pendule augmente ou diminue, suivant que la température du lieu où il se trouve monte ou descend. Il a donc fallu remédier à cet inconvénient.

Dès le commencement du xviiie siècle, la physique ayant fait de grands progrès, on fit des expériences pour s'assurer de combien tel ou tel métal se dilatait pour un même degré de chaleur. On reconnut que des barreaux de divers métaux, ayant les mêmes dimensions, s'alongeaient inégalement lorsqu'on les exposait à un même degré de chaleur : une règle de cuivre, par exemple, se dilatait d'une quantité plus grande qu'une règle de fer.

Graham, célèbre horloger anglais, fut le premier qui, pour l'avancement de son art, mit à profit cette découverte. Il forma donc un pendule de métaux différens, tellement combinés, que le centre de gravité de cet instrument restait constamment à la même hauteur en toute saison. Nous ne décrirons pas ce système qui, tout ingénieux qu'il était, avait des imperfections qui l'ont fait abandonner. Voici la description de celui qui est généralement adopté aujourd'hui.

ABDF (*fig. 4*) est un cadre de fer suspendu, en C, sur un couteau d'acier ou de toute autre manière. Il porte dans son intérieur un cadre plus petit *abdf* en cuivre. Sur la traverse *ab* de ce petit cadre, est soudée une règle de fer PL, laquelle passe librement au travers d'une ouverture pratiquée dans la traverse DF. Du grand cadre en L, se voit la lentille dans laquelle doit se trouver le centre de gravité du pendule.

Après avoir lu attentivement cette description, on comprendra aisément les effets de ce pendule. Supposons que la température du lieu où il se trouve monte de quelques degrés, toutes les pièces qui entrent dans sa composition se dilateront d'une certaine quantité.

Les deux côtés AD, BF du grand cadre s'alongeant, la lentille L descendrait si elle était immédiatement suspendue à la traverse DF; mais qu'arrivera-t-il? les côtés *ad, bf* du petit cadre s'alongeant aussi, la traverse *ab* montera, et comme la verge PL, qui porte la lentille, est fixée à cette traverse, elle montera en même temps qu'elle, ainsi que la lentille ; de sorte, enfin, que la verge s'alongera sans que le centre de gravité de la lentille change de place.

Tel est le principe du pendule compensateur le plus usité.

M. Martin en a proposé un autre fort simple, mais qui néanmoins ne semble pas devoir être préféré. En voici une idée.

On prend deux règles de métaux différens, cuivre et fer, par exemple ; on les rive avec soin l'une sur l'autre, puis on les fixe en croix sur la verge du pendule, et l'on attache une boule pesante à chacune de leurs extrémités.

La règle ainsi composée prend des courbures différentes toutes les fois que la température change. Cela doit être, car le cuivre ayant la propriété de se dilater, et par conséquent de se contracter plus que le fer, quand la température baisse, la règle composée doit se courber du côté du cuivre ; elle doit former un arc en sens contraire lorsque la température monte.

On conçoit que dans ces divers mouvemens les deux boules pesantes doivent tantôt monter, tantôt descendre, et si l'on a eu soin de les placer à une distance convenable l'une de l'autre, ce qui est facile, le centre de gravité du pendule restera invariable.

—

Pendule dont la verge est en bois.

Des observateurs ayant remarqué que les bois en général augmentent ou diminuent, seulement en grosseur, par des changemens de température, mais que leurs longueurs demeurent constamment les mêmes, du moins à très-peu de chose près, on a fait des pendules dont la verge était en bois de sapin bien résineux, à fibres parallèles et sans nœuds. Les régulateurs de ce genre donnent souvent de très-bons résultats. Cependant on en fait rarement des applications, par la raison que des règles de bois, même quand elles sont très-minces, sont sujettes à se voiler (se courber); ce qui détruit les avantages qu'on pourrait tirer de la propriété de leurs longueurs constantes.

Depuis que le pendule compensateur a été appliqué aux horloges, la composition de ces machines n'a pas reçu de perfectionnement notable, du moins théoriquement.

—

CHAPITRE III.

COMMENT UN PENDULE PEUT RÉGLER LE MOUVEMENT D'UNE HORLOGE.

—

Chacun a pu faire l'observation qu'une horloge se compose d'une suite de roues et de pignons ; que ces pièces engrènent les unes dans les autres, de sorte que l'action du moteur, qui est un poids ou un ressort, est transmise à la dernière roue de l'engrenage, laquelle en reçoit d'autant moins que son mouvement est plus rapide relativement à celui de la première roue ; ce que l'on comprendra quand on saura que des roues dentées et des pignons sont des leviers continus, et qu'un engrenage n'est qu'une application de cette machine simple.

En effet, supposons que le moteur pèse un kilogramme et que les diamètres des roues sont tels que la dernière soit obligée de faire 3,600 tours pendant que la roue qui porte la bobine sur laquelle s'enroule la corde qui soutient le poids, en fait un seulement. Admettons encore que le diamètre de la bobine est la moitié de celui de la première roue; la force avec laquelle les dents de celle-ci agiront sur les ailes du premier pignon, équivaudra à 500 grammes (un demi-kilogramme).

Mais pour plus de simplicité, convenons que l'horloge se compose de deux roues seulement, que celle qui porte la bobine a 36,000 dents et fait un tour en 60 heures; que la seconde roue a 30 dents et fait un tour par minute; convenons enfin, que le pendule bat les secondes, et que l'arc ou le chemin que parcourt sa lentille pendant une oscillation, est le dixième de sa longueur.

D'après ces données, la roue de 30 dents doit porter un pignon de 10 ailes ou dents, lesquelles doivent être pareilles à celles de la grande roue; or, les circonférences des cercles sont entre elles comme leurs diamètres, le diamètre du pignon doit donc être à celui de la grande roue comme 10 sont à 36,000 ou comme 1 est à 3,600, de sorte que si le diamètre du pignon est de 2 centimètres, celui de la roue en aura 7,200 ou 72 mètres (42 toises). Pour que l'horloge marche 60 heures (2 jours $\frac{1}{2}$), avec une chute de 3 mètres (9 pieds 9 pouces), on ne pourra donner à la bobine qu'un mètre de diamètre; dans ce cas, les dents de la grande roue pousseront les ailes du pignon avec une force égale à la 72e partie du poids moteur que nous supposerons, pour plus de commodité, être de 2,880 grammes, dont la 72e partie égale 40 grammes (environ $\frac{1}{12}$ de liv.).

Si le diamètre de la petite roue est de 20 centimètres, ou 10 fois celui de son pignon, l'effort que ses dents pourront exercer sera équivalent au 10e de 40 grammes, égal au poids 4 grammes.

Enfin, la lentille du pendule devant parcourir un arc égal au 10e de sa longueur ou 99 millimètres, et les dents de la roue qui doit lui transmettre l'action du poids agissant, par supposition, sur un levier de 20 millimètres, l'impulsion que recevrait la lentille serait les 20 centièmes ou le cinquième environ de 4 grammes, valant 8 décigrammes, ou la 625e partie d'une livre (le 40e d'une once).

Dans les raisonnemens et les suppositions que nous venons de faire, nous n'avons pas tenu compte des frottemens qui, dans la machine la mieux exécutée, neutralisent toujours une partie plus ou moins considérable de la force motrice. Voilà pourquoi le moindre obstacle suffit pour arrêter le mouvement de la lentille d'un pendule ; par la même raison, on ne parviendrait pas à faire osciller le pendule à secondes qui serait en repos ; en augmentant indéfiniment la force du moteur, le mécanisme de l'horloge se briserait plutôt. Il en serait autrement d'un pendule très-court dont la lentille serait légère.

On doit concevoir maintenant comment il peut se faire que la marche d'une horloge soit réglée par un pendule, car nous venons de démontrer que le moteur exerce une action très-faible sur la lentille, d'où il suit que le mouvement du rouage est suspendu pendant la durée d'une oscillation du pendule, attendu que le mécanisme est disposé de manière que les dents de la dernière roue, qu'on appelle de *ren-*

contre, ne peuvent *échapper* (avancer) qu'autant que le pendule est en mouvement; et comme celui-ci finirait par s'arrêter, le peu d'action que lui transmet le moteur est employée à réparer celle qu'il perd par le frottement du point de suspension et de l'air qui l'environne.

—

CHAPITRE IV.

POSITION DU PENDULE.

—

Il est de la plus grande importance que la direction du pendule soit telle, par rapport à la position de l'horloge, que le rouage puisse lui transmettre une impulsion égale pour chaque oscillation. Cette position est unique; on parvient à la trouver par le tâtonnement, en inclinant la cage de l'horloge à droite ou à gauche, jusqu'à ce que les battemens, produits par la roue de rencontre, aient la même intensité, et pour ainsi dire le même son.

Quand une horloge à pendule n'est pas exactement d'*aplomb,* elle retarde et finit souvent par s'arrêter. Il est donc nécessaire qu'elle soit placée sur des appuis solides et fixes. Une fois qu'on l'aura mise dans la position convenable, elle conservera son aplomb indéfiniment. Telles sont les horloges dont la boîte pose sur le sol ou qui sont fixées contre une muraille; mais lorsque la boîte pose sur un plancher, il peut et il doit même arriver que la marche de l'horloge varie par la fausse direction que devra prendre le pendule relativement à la position de la roue de rencontre.

Les petites pendules qu'on place sur les cheminées marchent souvent fort mal, parce qu'en voulant nettoyer la tablette, on est forcé de les déranger, ce qui fait qu'elles sont rarement bien *calées*.

—

Moyen prompt et facile pour donner aux pendules
une position convenable.

Supposons qu'il soit question d'une horloge dont le pendule bat les secondes, on fera faire une boîte en bois sec, taillé et assemblé avec soin, dans laquelle on fixera l'horloge avec assez de solidité pour qu'elle ne puisse pas se déranger.

Après quoi on donnera au tout la position la plus conveuable.

On y parviendra après quelques tâtonnemens, ou bien, si les circonstances le permettent, on chargera un horloger habile de ce soin.

Quand on sera certain que la pendule marche bien, on fixera un petit clou sur l'un des côtés de la boîte, et un autre sur son devant; on taillera une plaque de tôle ou de cuivre en forme de losange.

La figure 5 pourra faire concevoir cette forme.

On percera un petit trou vers l'angle *t*, et ayant suspendu, au moyen d'un fil, cette plaque aux clous qu'on aura plantés sur les deux faces de la boîte, on remarquera et l'on notera les points qui répondront à l'extrémité de l'angle *d*.

Toutes les fois qu'on se doutera de quelque dérangement survenu dans la position de la boîte de la pendule, on pourra s'en assurer avec la plus grande exactitude, et remettre la boîte dans sa première position en faisant usage de l'instrument que nous avons décrit ; car la boîte sera bien placée lorsque la pointe *d* répondra aux points qu'on aura notés.

Il serait à désirer qu'on mît dans les boîtes des pendules des soutiens métalliques, sur lesquels la machine reposerait, attendu que les métaux ne sont pas sujets à se tourmenter comme les bois : de la fonte de fer, dont le prix est peu élevé, serait bonne pour cet usage.

CHAPITRE V.

POSITION DES PENDULES DE CHEMINÉE.

—

Le procédé qui vient d'être exposé ci-dessus pourrait servir également pour donner aux pendules de cheminée une bonne position. Il suffirait pour cela de fixer debout sur le socle, n'importe de quel côté, un morceau de bois bien écarri, d'un pouce de large, autant d'épais, sur un pied de long plus ou moins ; le fil à plomb, présenté successivement à deux de ses quatre faces, indiquerait si la position du socle a changé ; mais comme cet appareil serait d'un aspect désagréable, surtout dans une pendule richement ornée,

2.

nous allons indiquer les moyens qui peuvent y suppléer.

D'abord, pour remédier à l'inconvénient des cales de bois, de papier, etc., il serait bon que le socle fût porté sur trois pieds, et que ceux-ci entrassent à vis dans sa masse, de sorte que, pour alonger ou raccourcir un pied, il faudrait le faire tourner à gauche ou à droite, comme lorsqu'on veut faire sortir un tire-bouchon d'un morceau de liége ou le faire entrer dedans. Au moyen de ces dispositions, que nous ne faisons qu'indiquer, le socle ne serait sujet à aucun ballottement, et une fois qu'on aurait fixé les longueurs de ses pieds, il suffirait de placer la pendule sur la même partie de la tablette pour qu'elle fût toujours dans une bonne position.

Que si l'on voulait faire usage du fil à plomb, voilà comment on pourrait s'y prendre, sans ajouter à la boîte de la pendule aucun appareil désagréable à la vue.

Au-dessous du socle on fixerait, au moyen d'une vis, une plaque de métal, un peu épaisse, grande comme la main. Cette plaque tournerait comme les tasseaux mobiles qui soutiennent les deux parties d'une table ronde qu'on peut abattre et relever à volonté. Cette plaque se cacherait donc sous le socle, mais en la faisant tourner elle sortirait en dehors.

Une petite potence, qu'il serait aisé de fixer à volonté sur la plaque, porterait un fil à plomb, dont le poids cylindrique se terminerait en pointe.

La pendule étant bien calée, on ferait sortir la plaque, on poserait la potence dessus, et l'on noterait le point de la surface de la plaque auquel répondrait la pointe du fil à plomb ; cela fait, on enlèverait la potence et l'on repousserait la plaque sous le socle.

Il est inutile de dire qu'en répétant exactement l'opération toutes les fois qu'il en serait besoin, on serait averti des dérangemens qui auraient pu s'opérer dans la position de la pendule.

CHAPITRE VI.

MANIÈRE D'ALONGER OU DE RACCOURCIR LA LONGUEUR D'UN PENDULE.

Il y a deux moyens principaux de faire varier la longueur d'un pendule : ou bien on fait monter ou descendre la lentille en tournant un écrou qui la soutient, ou bien on alonge ou l'on raccourcit la verge par le haut : de cette manière, la lentille monte ou descend de la quantité que l'on veut.

Les pendules qui sont un peu longs, tels que ceux qui battent les secondes, portent toujours un écrou à l'extrémité inférieure de leur verge. Dans les horloges exécutées avec soin, cet écrou a la forme d'une pièce de monnaie un peu épaisse. Son contour est divisé en un certain nombre de parties égales qui sont numérotées. Un index (pointe) fixe indique la quantité dont on a fait tourner l'écrou pour obtenir un certain nombre de minutes, secondes, etc., d'avance ou de retard.

Lorsque le régulateur est court comme ceux des pendules de cheminée, on les suspend le plus souvent, au moyen d'un cordon dont un des bouts s'enroule sur une cheville; en faisant tourner celle-ci à droite ou à gauche, le fil se roule ou se déroule, et la lentille monte ou descend.

Enfin, il y a des pendules qui sont munies d'une sorte de thermomètre métallique qui marque les variations de la température par le mouvement d'une aiguille.

—

CHAPITRE VII.

DU BALANCIER.

—

Une roue pesante, une meule, par exemple, qui tourne sur son arbre (essieu), exige une augmentation de force pour acquérir un nouveau degré de vitesse, c'est-à-dire que si un certain poids lui fait faire, par exemple, un tour en 5 secondes de temps, il faudra augmenter ce poids si l'on veut qu'elle fasse un tour en 3 secondes. Il faudrait encore augmenter la force motrice si la roue devenait plus pesante, ou si elle devenait plus grande. Voilà la théorie et le principe des régulateurs appelés *balanciers*.

Il y a des balanciers qui tournent toujours dans le même sens. Tels sont ceux qui règlent les mouvemens des tourne-broches, des machines dites à *vapeur*. Ces balanciers prennent le nom de *volans*, à cause sans doute de la rapidité de leur mouvement.

Les balanciers proprement dits, et qui règlent la marche des horloges, oscillent comme les pendules, allant et revenant alternativement, de sorte qu'ils ne font jamais un tour entier sur eux-mêmes.

Avant l'application du ressort spiral aux régulateurs des horloges portatives, on pouvait régler ces machines de deux manières : en faisant varier le poids de leurs balanciers, ou en faisant parcourir à ces derniers des arcs différens.

CHAPITRE VIII.

DU RESSORT SPIRAL.

—

L'action du ressort spiral relativement au balancier est semblable à celle que l'attraction de la terre exerce sur les pendules; si la force du ressort augmente, le balancier oscille plus vite; dans le cas contraire, ses vibrations sont plus lentes.

En effet, le mécanisme est disposé de façon que le ressort est plié quand le balancier tourne dans un sens; et lorsqu'il revient en sens contraire, le ressort est forcé de s'ouvrir; on a fait de ces ressorts tout droits qui ont les mêmes propriétés des spiraux, sans avoir tout-à-fait leurs avantages. Toutefois, afin de nous faire mieux comprendre, nous supposerons un ressort droit.

CD (*fig.* 6) est une lame droite d'acier trempé, rivée par l'une de ses extrémités sur un objet fixe C; elle peut se mouvoir librement dans toute l'étendue de sa longueur.

Concevons maintenant qu'une roue, en tournant comme sur un pivot, écarte l'extrémité D du ressort vers A ; quand cette roue tournera en sens contraire, le ressort, en se débandant, hâtera sa vitesse et lui fera parcourir un arc plus grand que si elle oscillait isolée ; la roue ayant reçu cette impulsion, fera courber le ressort vers B. Un peu de réflexion suffira pour faire comprendre le jeu de ce système.

Pendant que le balancier accomplit une oscillation, le mouvement du rouage est suspendu.

CHAPITRE IX.

MANIÈRE DE RÉGLER UNE HORLOGE A BALANCIER.

—

Nous venons de dire que la vitesse des oscillations d'un balancier dépendait de la plus ou moins grande énergie du ressort spiral : or, on peut faire varier la force d'un ressort en augmentant ou diminuant son épaisseur, ce qui n'est guère praticable; mais on obtient facilement le même résultat en faisant varier sa longueur : c'est le moyen qu'on emploie; mais pour atteindre le but, il n'est pas nécessaire de couper le ressort, il suffit de déplacer l'objet sur lequel il est fixé.

Soit, par exemple, le ressort AB (*fig.* 7) fixé en *t*, il aura une certaine roideur qu'on augmentera en le fixant par le point *v*; cela se conçoit facilement. Voici la description du mécanisme qui fait que les vibrations du balancier sont dépendantes d'un ressort.

ABC (*fig.* 8) est la roue formant balancier; *abcd*, ligne qui se replie plusieurs fois sur elle-même, représente le ressort spiral dont un des bouts est fixé en *a* autour du pivot ou de la verge du balancier. En *c*, est un petit bouton dans lequel entre l'autre bout du spiral, où on le fixe à volonté au moyen d'un petit coin, de sorte que le balancier ne peut faire aucune oscillation sans déformer le ressort.

Sur le côté du balancier se meut, dans une coulisse circulaire, un râteau ou portion de roue dentée *feg*. Un pignon *ut* engrène avec le râteau; on fait tourner ce pignon, dont l'extrémité est carrée, avec la clé qui sert à monter la montre; enfin le râteau porte un petit bras *b* fendu vers son extrémité ; le ressort spiral passe dans cette fente.

Voici le jeu de ce système : La montre retarde-t-elle, on fait tourner le pignon *ut* de gauche à droite, le râteau coule de droite à gauche, et le petit bras *b* s'éloigne du point fixe *c*, et le ressort se raccourcit, parce que la fente du petit bras fait office de point fixe, c'est-à-dire que les choses se passent comme si le ressort était fixé dans la fente du petit bras.

En diminuant la longueur du ressort, on augmente sa roideur, et les vibrations du balancier se feront avec plus de rapidité.

Si la montre avance, on fait tourner le pignon de droite à gauche, le bras s'approche du point fixe *c*, le ressort s'alonge et le balancier vibre avec plus de lenteur.

L'arbre du pignon *ut* porte une petite aiguille dont la pointe court sur un petit cadran fixe appelé *rosette*; deux lettres AR, qui signifient *avance* et *retard*, indiquent de quel côté il faut faire tourner l'aiguille pour faire avancer ou retarder la montre. Quand le râteau ne peut plus avancer, soit d'un côté, soit de l'autre, et que la marche de la montre est trop lente ou trop rapide, on est obligé de démonter le mécanisme, pour alonger ou raccourcir le spiral, ce qui se fait ainsi :

On ôte le coin qui le retient en C, puis on fait tourner une petite virole que porte la verge du balancier, et sur laquelle il est fixé par son autre extrémité. Cette opération est délicate et ne peut être exécutée que par un horloger ou un amateur qui ait certains outils et des connaissances en horlogerie.

CHAPITRE X.

AUTRES MOYENS DE RÉGLER LES HORLOGES A BALANCIER.

—

La verge du balancier porte le plus souvent deux palettes, que les dents de la roue de rencontre poussent alternativement de droite à gauche et de gauche à droite ; or, plus ces palettes s'avancent entre les dents de la roue, plus les vibrations du balancier sont grandes. On peut donc faire varier le mouvement d'une montre en avançant ou en reculant la roue de rencontre, ce à quoi l'on parvient au moyen d'une vis ; mais ce moyen ne peut donner de résultats bien considérables ; car, si la roue est trop avancée, la montre s'arrête; dans le cas contraire, le rouage, n'étant pas retenu, se déroule en quelques momens. On ne peut donc user de ce moyen qu'avec précaution ; encore est-il nécessaire d'avoir quelques connaissances en horlogerie.

CHAPITRE XI.

MOYENS QUE NOUS PROPOSONS.

—

Puisqu'il est certain qu'une montre avance ou retarde quand on augmente ou qu'on diminue la force de son ressort moteur, ce à quoi l'on parvient en le bandant ou en le débandant, pourquoi n'ajoute-t-on pas aux montres un mécanisme qui permettrait de faire varier la force du ressort? Il nous semble que la chose serait facile, et que les horloges portatives ne seraient pas plus compliquées, ni sensiblement plus pesantes.

3.

CHAPITRE XII.

QUELS SONT LES MOUVEMENS SUR LESQUELS ON PEUT RÉGLER LA MARCHE DES HORLOGES.

—

Nous n'avons pas sur la terre de mouvement naturel qui puisse servir de guide pour régler les horloges. La vitesse des sources, des rivières, des vents, etc., est irrégulière, etc.; ce n'est que dans le ciel qu'on observe des mouvemens réguliers qui peuvent nous servir de guides pour atteindre le but.

Parmi les corps célestes, il y en a dont les mouvemens sont parfaitement réguliers ; d'autres se meuvent avec des vitesses inégales.

Les étoiles dites *fixes* (1) se meuvent avec une très-grande régularité, car elles font, en apparence, leurs révolutions autour de la terre en des temps égaux (24 heures). On peut donc régler les horloges sur la marche de ces astres. Il y a néanmoins un inconvénient, c'est que les étoiles fixes ne sont visibles à l'œil nu que pendant les nuits sereines.

Le soleil, le plus éclatant des astres, n'a pas un mouvement régulier, et cependant, comme il est souvent visible pendant le jour, les savans ont trouvé le moyen de régler les horloges sur sa marche.

(1) Aujourd'hui il est démontré qu'elles tournent plus ou moins lentement les unes autour des autres, de sorte qu'il n'y a plus d'astres fixes dans l'univers.

CHAPITRE XIII.

MANIÈRE DE TRACER UNE MÉRIDIENNE.

—

Il ne suffit pas de considérer un astre, le soleil, par exemple, pour connaître et suivre son mouvement. Il faut encore pouvoir *s'orienter,* c'est-à-dire être en état de se tourner bien exactement, soit vers le nord, soit vers le midi ; c'est le moyen de connaître bien précisément l'instant où un astre passe au méridien ou qu'il arrive au point le plus élevé de sa marche. Pour cela, il faut tracer une ligne qui aille directement du nord au midi, et qu'on appelle *méridienne.* Il y a plusieurs méthodes pour exécuter cette opération ; voici la plus simple :

On se procurera une table de pierre, de métal ou de toute autre matière dure; et après l'avoir bien dressée, on lui donnera une position fixe et horizontale, au moyen d'un niveau ; on pourra encore s'assurer si la table est bien placée, en versant de l'eau dessus; car si elle n'est pas bien parallèle à l'horizon, le liquide s'écoulera d'un côté; il s'écoulera de tous les côtés indifféremment, si la table est bien placée. En un mot, la surface de cette table doit être parallèle à celle des eaux tranquilles.

PHF (*fig.* 9) est la table sur laquelle on veut tracer une méridienne. Sa figure et ses dimensions sont indifférentes; cependant plus elle serait grande, plus l'opération serait exacte.

Sur le point F de la table est fixé un piquet ou style ET, portant une plaque mince de métal T percée d'un petit trou *t ;* cette plaque est inclinée vers le côté HF de la table d'une quantité qu'on trouvera plus bas.

Au petit trou *t* on suspendra un fil à plomb *t* C dont le poids, de forme cylindrique, se termine en pointe.

On notera le point de la table sur lequel répondra la pointe du fil à plomb, et de ce point, comme centre, on tracera des arcs de cercles *abc , def, ghi.*

Nous aurions dû dire qu'il faut placer la table de manière que le pied du style se trouve vers le côté qui regarde le midi.

Ces préparatifs étant faits, on choisira, à l'époque des solstices (vers le 20 juin et le 20 décembre), un jour où le ciel sera sans nuages ; on se placera le matin auprès de la table ; il arrivera un moment qu'un rayon du soleil, entrant par le petit trou de la plaque, ira produire une image lumineuse sur le cercle le plus extérieur *ghi;* on notera ce point du cercle.

Quelque temps plus tard, le soleil étant monté plus haut, l'image lumineuse tombera sur le cercle *def;* on notera un point en cet endroit.

Le soleil continuant à monter, le point lumineux arrivera sur le cercle *abc;* on notera encore ce point; s'il y avait d'autres cercles, on aurait occasion de noter d'autres points.

Passé midi, le soleil commencera à descendre, et le point lumineux tombera successivement sur les cercles *abc, def, ghi....* On notera sur ces cercles, comme on aura fait le matin, les points indiqués par le point lumineux.

Cela fait, on divisera en deux parties égales les arcs de chaque cercle compris entre les points notés le matin et le soir; après quoi, par le milieu de chacun de ces arcs, on tirera une ligne indéfinie CD, laquelle, si l'opération a été faite avec soin, passera par le point central C. Cette ligne sera la *méridienne*, et toutes les fois que le point lumineux tombera sur elle, on sera certain que le soleil a parcouru la moitié de sa course ou qu'il est midi.

CHAPITRE XIV.

LONGUEUR DU STYLE.

Il n'est pas indifférent de placer le trou de la plaque à une hauteur quelconque; car, supposons que la table eût 4 décimètres de diamètre, et que la hauteur du style, qui est mesurée exactement par la ligne perpendiculaire comprise entre la surface de la table et le trou de la plaque, eût 10 mètres, on conçoit aisément que l'image du point lumineux tomberait toujours au-delà de la table.

En rendant la plaque mobile sur le pied qui la porte, on pourrait en peu de temps, et par le tâtonnement, trouver la hauteur convenable du style; il suffirait d'une seule observation faite, le matin, à 6 heures, par exemple; on ferait monter ou descendre la plaque jusqu'à ce que le point lumineux allât tomber sur l'un des cercles tracés sur la table le plus extérieur, et par un moyen quelconque on la fixerait à cette hauteur.

— 55 —

Voici une table qui pourra dispenser de ce tâtonnement.

LONGUEUR DE LA LIGNE MÉRIDIENNE.		HAUTEUR DU STYLE.		
Pieds.	Pouces.	Pieds.	Pouces.	Lignes.
0	6	0	1	10
0	10	0	3	2
1	0	0	3	9
1	3	0	4	9
1	6	0	5	8
2	0	0	7	7
2	3	0	8	6
2	6	0	9	6
3	0	0	11	5
3	6	1	1	5
4	0	1	3	3
5	0	1	7	1
6	0	1	10	11
7	0	2	2	9
8	0	2	6	7
9	0	2	10	5
10	0	3	2	3
12	0	3	9	10
14	0	4	5	7
15	0	4	9	5
17	0	5	9	1
20	0	6	4	7
24	0	7	7	9
30	0	9	6	10

Autre méthode.

Lorsque, pendant une nuit sans nuages, on se trouve directement vers le nord, on observe que les étoiles décrivent des cercles plus ou moins grands, et que parmi ces astres il y en a un qui ne change pas de place, ou qui décrit un très-petit cercle, on l'appelle *étoile polaire*; cette étoile fait partie de la constellation de la grande Ourse, représentée figure 10.

Quoique l'étoile polaire, que nous désignerons par A, n'occupe pas exactement un des centres de rotation de la sphère céleste, on peut, en s'alignant vers cet astre, déterminer la direction de la méridienne avec assez d'exactitude; il y a même un moyen fort simple de corriger l'erreur, c'est de l'observer quand elle est parvenue au point le plus haut de sa révolution. Ayant déterminé ce point, on attendra douze heures, alors l'étoile sera arrivée au point le plus bas, on le notera, et, partageant en deux parties égales l'espace qui séparera les deux points, on aura la position assez exacte du pôle.

CHAPITRE XV.

MANIÈRE SIMPLE DE DÉTERMINER EXACTEMENT LE PÔLE.

—

Comme nous l'avons dit ci-dessus, il y a vers le nord un grand nombre d'étoiles qui ne se couchent jamais et qui décrivent un cercle en 24 heures : le pôle est le centre de tous ces cercles. Or, lorsqu'on a la circonférence d'un cercle, il est très-facile de trouver son centre ; il suffit, par exemple, de couper cette circonférence en 4 parties égales et de tirer des lignes par ces divisions ; le point où elles se couperont sera le centre cherché ; mais lorsqu'on a besoin seulement de déterminer la direction de la méridienne, on peut se contenter de trouver le plan vertical qui passe par le pôle et le lieu où l'on se trouve ; voici un moyen bien simple pour atteindre ce but.

On prendra deux fils-à-plomb AB, CD (*fig.* 10); le premier sera suspendu d'une manière quelconque à une potence, par exemple, et le second à une règle dirigée autant que possible d'orient en occident ; celui-ci sera vers le nord à quelques mètres du premier.

Parmi les étoiles qui ne se couchent pas, on en choisira une O (*fig.* 11), et un peu avant qu'elle arrive au point le plus occidental de son orbite, on commencera à l'observer en dirigeant le rayon visuel suivant la position des fils-à-plomb, c'est-à-dire que l'étoile devra toujours répondre à la direction

des fils ; et comme elle changera conti-
nuellement de position, on sera obligé
de faire couler le fil CD vers la gauche,
afin de suivre le mouvement de l'étoile ;
il arrivera un instant où il sera nécessaire de faire couler le fil vers la droite ;
on notera avec précision le point du sol
auquel répondra l'extrémité inférieure
du fil CD.

Douze heures moins un quart après,
on reprendra l'observation, et l'on notera encore le point du sol auquel répondra l'extrémité du fil mobile ; ce
sera à cet instant que l'étoile sera parvenue au point le plus oriental de sa
course.

On notera encore le point du sol auquel répondra l'extrémité inférieure
du fil AB, et de ce point comme centre,
on tracera, toujours sur le sol, un arc de
cercle passant par un des points notés
au-dessous du fil mobile CD.

Enfin on tirera des lignes du point

central aux deux autres, et l'on divisera l'angle qui en résultera en deux parties égales.

La figure 12 fera bien comprendre l'opération.

Le point central est en P; en I et en E, sont les points notés au moyen du fil mobile CD; ayant tiré les lignes indéfinies PI, PE, du point P, comme centre, on décrira un arc HIFGO passant par I, un des points notés, lequel coupera en G la ligne PE.

Cela fait, on divisera l'arc IG en deux parties égales, ce à quoi l'on parviendra en décrivant des points I, G, comme centres, et avec une même ouverture de compas, des arcs qui se couperont en t, et par les points P et t on tirera la ligne indéfinie PQ, ce sera la direction de la méridienne; en plaçant un style en P, son ombre tombant sur cette ligne, indiquera l'instant où il sera midi au soleil.

Il n'est pas nécessaire de dire que le sol sera nivelé avec soin avant de commencer l'opération.

CHAPITRE XVI.

MANIÈRE DE TROUVER EXACTEMENT LE POINT OU EST LE PÔLE.

—

Ayant tracé la méridienne, comme il est enseigné ci-dessus, on tirera une seconde ligne qui la coupera à angles droits (sera d'équerre avec elle). Cette dernière ligne indiquera les points *orient* et *occident*. Sur cette ligne on élèvera perpendiculairement deux règles bien droites AB, CD (*fig.* 13).

Deux autres règles EF, GH couleront sur les premières en conservant une position horizontale, dont on pourra toujours s'assurer au moyen du niveau.

On fixera du côté du midi, et à quelques mètres de distance de l'appareil, une autre règle bien droite, dans une position horizontale : appelons cette règle V.

Cela fait, on choisira une étoile parmi celles qui ne se couchent pas, et un peu avant qu'elle soit arrivée au plus haut de sa course, on l'observera au moyen des règles EF et V, c'est-à-dire qu'on fera monter ou descendre la règle EF de manière que l'image de l'étoile frise constamment les deux règles. On conçoit qu'il faudra faire monter progressivement la règle EF jusqu'à ce que l'étoile soit arrivée au point le plus élevé de son orbite ; à cet instant on fixera la règle mobile.

Un peu moins de 12 heures après, on se placera devant la règle V, et faisant monter ou descendre la règle GH,

on suivra l'étoile comme précédem-
ment, en faisant descendre la règle mobile qui fixera quand l'étoile aura cessé
de descendre.

On divisera l'espace compris entre
les deux règles mobiles en deux parties
égales, et l'on fixera une de ces règles
de manière que l'un de ses bords soit
sur la ligne PQ ; le plan qui passera par
la règle V et la ligne PQ passera aussi
par le pôle.

On fixera une table de pierre, de
métal, etc., bien dressée, de manière
que sa surface soit perpendiculaire et
que son bord inférieur se confonde
avec la méridienne.

Après quoi on tirera sur cette table
une ligne dont la direction sera donnée
par la position des règles V et PQ.
Cette ligne ira passer par le pôle, et
sa position indiquera celle de l'axe du
monde.

L'angle que fait l'axe du monde avec

l'horizon d'un lieu indique l'inclinaison qu'il faut donner à la plaque d'un style (*page* 87), c'est-à-dire que le plan de cette plaque doit être perpendiculaire (d'équerre) à la direction de l'axe.

CHAPITRE XVII.

MANIÈRE DE RÉGLER UNE HORLOGE PAR LE MOUVEMENT DES ÉTOILES.

—

Quand on aura tracé la méridienne suivant une des méthodes exposées ci-devant, on suspendra à des objets fixes deux fils-à-plomb de métal, chargés assez pour que l'air agité ne puisse pas les faire osciller ; ils seront écartés l'un de l'autre le plus possible, et leurs directions passeront par la méridienne.

Cet appareil sera très-utile pour régler le mouvement des horloges sans le secours des tables.

Supposons que vers les 10 heures du soir une étoile se trouve exactement sur la direction indiquée par les fils, et qu'en ce moment une pendule marque 10 heures 7 minutes 24 secondes ; si sa marche a la vitesse convenable, elle marquera la même heure toutes les fois que l'étoile se trouvera sur l'alignement des fils vers les 10 heures.

Le mouvement des étoiles étant très-régulier, les astronomes règlent leurs horloges sur la marche de ces astres : c'est de tous les moyens qu'on peut employer celui qui mène le plus sûrement au but.

CHAPITRE XVIII.

CADRAN AUX ÉTOILES, QU'ON PEUT CON-
SULTER A TOUTE HEURE DE LA NUIT
QUAND LE CIEL EST DÉCOUVERT.

—

Sur un pied FE (*fig.* 14) fixez un bout de cylindre de métal régularisé au tour, et donnez-lui, aussi exactement que possible, la direction de l'axe OP du monde.

Une douille V, tournant à frottement doux sur le cylindre, portera une lunette CD inclinée, de sorte qu'en regardant dans son intérieur, on puisse voir une étoile x.

Un cadran ab portera les divisions des heures, des quarts, demi-quarts, etc. Il sera fixe, et l'axe du monde passera par son centre. La douille V portera une aiguille c dont la pointe parcourra les divisions du cadran.

Lorsqu'on voudra consulter le cadran, on fera tourner la lunette CD jusqu'à ce que l'on aperçoive l'étoile x; on notera l'heure que marquera l'horloge ; quelques jours plus tard, n'importe quand, on dirigera la lunette vers l'étoile x, et si l'horloge est bien réglée, elle marquera la même heure que l'aiguille c sur le cadran ab.

On conçoit qu'il sera facile de diriger la lunette vers l'étoile x sans tâtonnement. En effet, les étoiles décrivent des cercles qui ont tous leurs centres au pôle par lequel passe l'axe du monde ; or, la douille V tourne sur un pivot qui est exactement dans la position de cet axe, d'où il suit que le cercle décrit par la lunette CD a son centre sur la même ligne qui passe par le pôle.

Le cadran aux étoiles pourrait être consulté pendant le jour si la lunette était munie de verres convenables pour faire découvrir les astres, même quand le soleil est sur l'horizon.

Dans tous les cas, on pourra construire soi-même un tel instrument à très-peu de frais : le support FE sera en pierre, briques, etc. ; on fera en cuivre, fer, zinc, etc., la douille V ; le pivot sur lequel elle tournera sera en fer ; un bout de tringle de ce métal remplira l'objet ; un tube de cuivre, de tôle, de fer-blanc, long de 4 ou 5 décimètres, servira pour la lunette CD ; l'orifice C sera réduit à un très-petit trou, et l'orifice D, beaucoup plus grand, sera divisé par deux fils très-déliés qui se croiseront à son centre ; le point d'intersection des fils servira à bien déterminer la position de l'étoile.

CHAPITRE XIX.

MANIÈRE DE RÉGLER LES HORLOGES SUR LE MOUVEMENT DU SOLEIL.

—

Mouvemens du soleil.

On a cru, pendant une longue suite d'années, que le soleil faisait le tour de la terre tous les jours d'une manière uniforme. Les astronomes ont reconnu sans peine qu'il n'en est pas ainsi à beaucoup près, et cela pour plusieurs raisons, dont les principales sont exposées ci-dessous.

Suivant le système de Ptolomée (1)

(1) Système qu'on suit encore pour faire concevoir les mouvemens des astres.

5

ou des apparences, le soleil est animé de deux mouvemens : par l'un, il est emporté journellement autour de la terre d'orient en occident ; par l'autre, il marche de lui-même, d'une certaine quantité par jour, d'occident en orient.

Ces deux mouvemens paraissent au premier abord incompatibles ; il est cependant assez aisé de les faire concevoir au moyen de certaines suppositions.

En effet, figurons-nous une table ronde tournant sur son pied ; supposons une mouche marchant avec une vitesse uniforme vers le bord et tout autour de la table ; supposons encore que la table fait un tour sur elle-même par minute, et que la mouche met une heure pour faire le tour de la même table, en obéissant à un mouvement contraire à celui qui fait tourner cette dernière ; il est bien évident qu'au bout d'une heure la mouche aura été emportée soixante fois autour d'un objet que nous supposerons suspendu sur le milieu de la table, pendant qu'elle aura parcouru une fois le bord de celle-ci : cela se conçoit assez facilement ; mais pour rendre la démonstration pour ainsi dire palpable, on se procurera une table ronde mobile sur son pied, et pendant qu'elle tournera, un enfant, portant un flambeau, marchera dessus, comme s'il avait l'intention d'en faire le tour, mais suivant un mouvement contraire à celui de la table : une boule, suspendue sur le milieu de cette dernière, représentera la terre ; le flambeau, porté par l'enfant, figurera le soleil. Si l'enfant était immobile, et que la table fît un tour par minute, le flambeau éclairerait tous les points de la boule dans cet espace de temps, et l'enfant reviendrait constamment vis-à-vis le même point de la boule au bout de chaque minute ; mais si cet enfant s'avançait d'un décimètre, par exemple, pendant que la table ferait un tour, et dans un sens contraire à son mouvement, il ne reviendrait vis-à-vis le même point de la boule que lorsque la table aurait fait un tour, et que le point de sa surface, sur lequel pose l'enfant, aurait avancé encore d'un décimètre.

Tels sont les moyens que l'on peut employer pour comprendre ou faire comprendre les deux mouvemens apparens du soleil. On peut encore les concevoir en observant pendant quelques jours les étoiles vis-à-vis desquelles cet astre paraît se lever ou se coucher ; on remarquera que les étoiles qui se levaient une heure avant lui se lèvent toujours plus tôt, tellement que, six mois après, elles se couchent quand le soleil se lève. Or, comme les étoiles conservent une position invariable dans la voûte céleste, il s'ensuit que le soleil marche dans cette voûte, en allant d'occident en orient, pendant qu'il est emporté d'orient en occident, par la même voûte qui fait le tour de la terre, une fois en 24 heures.

La route que suit le soleil par son mouvement propre dans le ciel, s'appelle *écliptique*, et le temps qu'il emploie pour revenir au même point de cette route forme ce qu'on appelle une *année* : le *jour* est le temps qu'il met, entraîné par le ciel, à faire le tour de la terre.

Si le mouvement propre du soleil était uniforme, et si l'écliptique, cercle qu'il parcourt en allant d'occident en orient, était parallèle à ceux que semblent décrire les étoiles dites fixes, en 24 heures, il reviendrait constamment au midi dans le même temps ; mais l'écliptique est incliné d'une quantité considérable, relativement aux cercles que décrivent les étoiles fixes, c'est-à-dire que, d'un côté, il penche vers le nord, et, de l'autre, vers le midi. Pour se faire une idée claire de la position de ce cercle, on prendra une orange dans le milieu de laquelle on enfoncera une aiguille ; on fera tourner cette orange sur les extrémités de l'aiguille, et, pendant ce temps, une autre personne tiendra un crayon fixe dont elle appuiera la pointe contre l'orange : la trace que laissera le crayon sur la surface de cette dernière représentera un des cercles décrits par les étoiles fixes : un autre, tracé sur la même orange, qui coupera le précédent en deux points, représentera l'écliptique.

Si l'on divise le premier cercle, que nous supposons également éloigné des deux extrémités de l'aiguille, et que nous appellerons *équateur*, en un certain nombre de parties égales, comme 360, par exemple, et que par ces divisions et les deux extrémités de l'aiguille on mène des lignes sur l'orange, on verra que ces lignes diviseront l'écliptique en parties inégales, lesquelles seront plus grandes vers le point où ce cercle coupera l'équateur, et plus petites dans les autres points.

Les lignes qui passeront par les divisions de l'équateur et les extrémités de l'aiguille, lesquelles extrémités représenteront les *pôles* du monde, figuré par l'orange, formeront des cercles qu'on est convenu d'appeler *méridiens,* parce qu'il est midi pour un lieu lorsque le soleil est arrivé sur celui de ces cercles qui passe par ce lieu et les pôles du monde.

Puisque l'écliptique est coupé inégalement par les méridiens qui sont également espacés entre eux, il s'ensuit que le soleil parcourant l'écliptique met des temps inégaux pour passer d'un méridien à un autre ; emporté tous les jours par le mouvement du ciel, il doit aussi arriver à un même méridien, tantôt plus tôt, tantôt plus tard ; c'est ce que l'on concevra aisément si l'on fait tourner l'orange sur les extrémités de l'aiguille, en portant successivement une épingle, dont la tête figurera le soleil, sur tous les points de l'écliptique par où passent des méridiens ; on verra que pour faire arriver l'épingle vis-à-vis d'une règle, que l'on tiendra parallèlement à l'aiguille qui portera l'orange, on sera obligé de faire tourner celle-ci tantôt plus, tantôt moins. Voilà une des causes de l'inégalité du temps que le soleil met pour revenir au même méridien.

Une autre inégalité des jours solaires est produite par la variation de vitesse du soleil dans l'écliptique. En effet, cet astre, étant plus près de la terre en hiver qu'en été, se meut, dans la première de ces saisons, avec plus de rapidité d'occident en orient ; il est donc plus long-temps à revenir au méridien en hiver qu'en été.

Le soleil varie dans son mouvement propre de 57 à 61 minutes. La différence qui peut résulter de l'inégalité du mouvement propre peut aller jusqu'à 7 minutes 56 secondes. Celle qui est produite par l'obliquité de l'écliptique peut augmenter jusqu'à 9 minutes 55 secondes. Ces deux écarts combinés entre eux produisent une différence dont *le maximum* est de 16 minutes 14 secondes, soit en plus, soit en moins; c'est-à-dire qu'il y a dans l'année deux jours où le soleil arrive au méridien 16 minutes 14 secondes plus tôt ou plus tard que dans d'autres.

Le voisinage des planètes et leurs diverses positions, par rapport à la terre, influent aussi sur les inégalités des mouvemens du soleil : aussi les astronomes ont-ils égard à ces diverses causes lorsqu'ils dressent les tables où sont indiquées les différences des jours solaires.

CHAPITRE XX.

CADRANS AU SOLEIL.

—

Les instrumens qui indiquent l'heure qu'il est par l'ombre d'un style exposé au soleil sont beaucoup plus répandus que les cadrans aux étoiles, quoiqu'ils soient bien moins susceptibles d'exactitude; mais on a la facilité de les consulter plus souvent.

Les *cadrans solaires* ou plutôt *cadrans au soleil,* fixes ou mobiles et portatifs, sont construits sur le principe que la terre n'est qu'un point relativement à la grandeur du cercle que le soleil paraît décrire tous les jours autour d'elle. En effet, la distance du soleil à notre planète étant de 33,000,000 de lieues, le diamètre du cercle qu'il parcourt chaque jour est de 66,000,000 de lieues ; celui de la terre n'est que d'environ 2,892 ; on peut donc, sans inconvénient notable, supposer que le cadran et celui qui le consulte sont placés au centre de la terre, puisque le point de la surface où ils se trouvent n'est éloigné de ce centre que de 1446 lieues.

Les cadrans les plus simples sont ceux que l'on construirait aux pôles et sur l'équateur. Le cadran polaire consisterait en un plateau circulaire horizontal, au centre duquel s'élèverait perpendiculairement un style ou piquet. On sait qu'au pôle le soleil ne se couche point pendant six mois, et qu'il décrit, en 24 heures, un cercle parallèle à l'horizon. Il suffit donc, pour construire un cadran devant servir sous le pôle, de diviser la circonférence d'un plateau circulaire en 24 parties égales; de fixer verticalement un style au centre du plateau, et de donner à celui-ci une position horizontale; on conçoit que l'ombre du style passera successivement sur les divisions du plateau avec une vitesse égale à celle du soleil.

Le cadran polaire une fois bien compris, on a la théorie de tous les cadrans possibles; ce que l'on concevra en se figurant qu'un cadran simple quelconque se trouvait d'abord sous le pôle, qu'il a été déplacé et transporté au lieu où l'on se trouve, tout en conservant le parallélisme du plan sur lequel se projette l'ombre du style, tellement que, si le cadran polaire était porté sur l'équateur terrestre, son plateau prendrait une position verticale, et son style une direction horizontale et parallèle à la ligne qui joint les deux pôles (l'*axe* du monde).

Dans les régions qui sont situées entre l'équateur et les pôles, le plan du cadran formerait, avec celui de l'horizon, deux angles plus ou moins inégaux. Ces deux angles sont égaux, et par conséquent droits sous l'équateur; ils deviennent nuls sous les pôles mêmes, attendu que dans ces lieux, le plan du cadran est parallèle à celui de l'horizon.

Si l'on a bien compris les raisonnemens qui viennent d'être faits, on sera en état de construire un bon cadran au soleil : on prendra donc un plateau de métal, de bois, de marbre ou de toute autre matière ; au centre de ce plateau on fixera perpendiculairement un style d'une longueur convenable, et l'on divisera la circonférence du plateau en 24 parties égales; du pied du style, et par chacune de ces divisions on tirera des lignes qu'on numérotera I, II, III, IV, ... XII, parce que ces lignes seront destinées à indiquer les heures sur le cadran, qui sera alors terminé à peu de choses près ; il ne restera plus qu'à le placer convenablement, suivant la latitude du lieu où l'on se trouvera, ce qui sera facile, si l'on a quelques notions de géométrie et d'astronomie, et si l'on a en même temps des instrumens propres à indiquer la latitude du lieu, car alors il suffira de faire prendre au style du cadran une direction parallèle à l'axe du monde. Dans tous les cas, il est possible de placer assez bien le cadran, en observant, à l'époque des équinoxes, la direction des rayons du soleil quand il se lève, quand il est parvenu à son midi et quand il se couche : au lever du soleil, on tiendra le cadran de façon que son style soit dirigé vers le nord, et l'on fera tourner le plateau jusqu'à ce qu'on ait trouvé la position où sa surface est rasée par le rayon solaire ; par là on sera certain que le plan du cadran est à peu près parallèle au diamètre de l'équateur ; mais comme il est nécessaire que le plateau du cadran soit exactement parallèle au plan de ce cercle, on le fera tourner vers midi, sur la direction qu'on lui aura donnée le matin, comme sur un axe fixe, et l'on s'arrêtera quand le rayon du soleil frisera de nouveau la surface du plateau ; on fixera le cadran dans cette position, et l'on sera certain que l'ombre de son style indiquera les heures de la journée, à très-peu d'erreurs près.

Dans les temps des *déclinaisons,* c'est-à-dire quand le soleil décrit des cercles parallèles à l'équateur, soit au-delà, soit en-deçà de ce dernier, vous parviendrez à bien placer le cadran en le tournant de façon que les ombres projetées par le style, le matin, à midi et le soir, soient égales entre elles.

Enfin, la méthode exposée page 49 et suivantes fournit un moyen sûr pour trouver la direction de l'axe du monde, laquelle sert de guide pour bien placer un cadran.

On donne en général le nom d'*équi-noxiaux* aux cadrans dont le plan est parallèle à celui de l'équateur, parce qu'il est facile de les bien placer quand le soleil décrit ce cercle; il serait tout aussi exact de les appeler *cadrans po-laires,* car, comme on l'a dit ci-devant, leur plan est aussi parallèle à celui d'un cadran qui serait exactement placé sous le pôle. Pour placer le cadran, en le rapportant au cadran polaire, il suffi-rait de donner à son style une direc-tion exactement parallèle à l'axe du monde; à quoi l'on parviendrait aisé-ment en dirigeant d'abord ce style sui-vant la ligne qui va directement du nord au midi (*voir* méridienne); après quoi, on lui ferait faire avec l'horizon, ou tout plan horizontal, un angle égal à celui de la hauteur du pôle du lieu.

Tout cadran équinoxial doit avoir deux faces et un double style, nous voulons dire que le plateau doit être traversé par un axe comme une roue de brouette est traversée par son essieu; en voici la raison :

Admettons que le cadran est placé sous l'équateur même, et que son plateau est infiniment mince, le jour de l'équinoxe les rayons solaires raseront en même temps les deux faces du plateau, et les deux styles projetteront des ombres égales entre elles : cela est évident ; il n'est pas moins clair que, lorsque le soleil décrira le tropique du Cancer, par exemple, le plan du cadran, étant vertical, projettera une ombre vers le pôle méridional, de sorte que, la face méridionale du cadran étant dans l'ombre, on ne saurait distinguer celle de son style. A toutes les heures de la journée, pareil phénomène aura lieu en sens contraire, lorsque le soleil décrira le tropique du Capricorne. Le même raisonnement s'applique au cadran polaire proprement dit, car le soleil n'éclaire ce cadran que pendant six mois de l'année, ou plutôt pendant le temps qu'il emploie pour aller de l'équateur à l'un des tropiques, et de ce tropique à l'équateur, pendant ce temps, la face inférieure du cadran est dans l'ombre; mais si le globe terrestre était transparent, cette dernière face serait éclairée à son tour pendant six mois, et la face opposée serait dans l'ombre.

Dans les lieux situés entre les pôles et l'équateur terrestre, les cadrans sont plus ou moins inclinés à l'horizon, ce qui a déjà été dit; l'on comprend maintenant que, dans ces diverses positions, les deux faces du plateau projettent alternativement de l'ombre pendant six mois de l'année ; dans nos latitudes, c'est celle qui est inclinée en dessous, qui est éclairée en hiver ; celle de dessus l'est à son tour en été.

On fait des cadrans équinoxiaux dont le plateau est remplacé par un anneau, et les heures sont marquées sur son bord. Les jours des équinoxes, l'intérieur de l'anneau n'est point éclairé.

On trace des cadrans au soleil sur toutes sortes de surfaces planes, horizontales, verticales, tournées au midi, à l'orient, à l'occident, ou inclinées plus ou moins vers ces points. Aussi, distingue-t-on des cadrans horizontaux, verticaux, orientaux, occidentaux..... On trace encore des cadrans sur des cylindres ; tel est celui que Pingré exécuta sur la colonne de Catherine de Médicis, qui est adossée à la Halle-aux-Farines de Paris. Il a treize styles pour remédier aux inconvéniens qui seraient résultés de la courbure des ombres projetées par un seul.

La construction de tous ces cadrans est toujours basée sur la théorie du cadran équinoxial ; ce qui sera rendu très-clair par la supposition que voici : Le style qui doit projeter l'ombre sur une surface quelconque, étant placé convenablement, c'est-à-dire parallèlement à l'axe du monde, supposez que ce style sert aussi d'axe à une petite sphère, divisée, par douze méridiens, en vingt-quatre parties ou fuseaux égaux entre eux ; supposez encore que les plans de ces cercles s'étendent indéfiniment en tout sens : on appelle ces méridiens *cercles horaires ;* puisque la petite sphère est placée de la même manière que le globe terrestre, il est évident que le soleil en fera le tour en 24 heures, et qu'il mettra une heure pour passer d'un méridien au suivant. Concevez maintenant que

le plan de chaque méridien est repré-
senté par une lame matérielle très-
mince ; quand le soleil passera par le
plan d'un méridien, celui-ci projettera
une ombre qui, rencontrant une surface quelconque, donnera l'image de
la ligne droite ou courbe qu'il faudrait
tracer sur cette surface pour indiquer une certaine heure. Cette ligne
serait également indiquée par l'ombre
du style qui sert d'axe à la petite sphère,
car cet axe est commun aux plans de
tous les méridiens dont il est un diamètre, et l'ombre d'un plan matériel,
projetée par son épaisseur, est la même
que celle d'une ligne matérielle prise
dans ce plan. En procédant suivant les
principes qui viennent d'être exposés,
il n'est pas de cadrans au soleil fixe ou
mobile qu'on ne puisse exécuter.

CHAPITRE XXI.

IDÉE D'UN INSTRUMENT

Au moyen duquel on peut tracer toutes sortes de cadrans au soleil.

—

Soit un cylindre AB (*fig.* 15), divisé diamétralement par 12 fentes a, b, c… comme une équerre d'arpenteur, ce qui produit 24 divisions égales entre elles ; sur l'un de ses bouts le cylindre porte une douille C, qui est le prolongement de son axe. Cette douille sert à le fixer sur le style du cadran qu'il s'agit de tracer ; le tout doit être disposé de façon que le cylindre AB soit parallèle à l'axe du monde ; cela fait, il suffira de regarder à travers les fentes du cylindre, pour déterminer les divisions ou lignes horaires sur la surface plane ou courbe, directe ou oblique, sur laquelle doit se projeter l'ombre du style du cadran ; il est bon d'ajouter qu'une des fentes du cylindre devra être perpendiculaire à l'horizon : ce sera celle qui indiquera la ligne de midi sur le cadran.

CHAPITRE XXII.

CADRAN SPHÉRIQUE.

—

Une boule régulière est toujours placée comme la sphère terrestre, puisqu'un de ses diamètres est parallèle à
celui du globe; si donc la boule était
transparente, et qu'un petit corps opaque occupât son centre, l'appareil étant
exposé au soleil, l'ombre du petit corps
décrirait, dans l'intérieur de la boule,
un cercle parallèle au plan de l'équateur; si donc la boule était divisée en
vingt-quatre fuseaux égaux entre eux
par des méridiens, la boule serait un
véritable cadran, car l'ombre du petit

corps opaque mettrait une heure pour arriver d'un méridien au suivant. Comme il est assez facile de diviser une sphère en vingt-quatre fuseaux par des méridiens, un tel cadran serait bientôt construit si l'on pouvait disposer d'un globe de verre régulier; après l'avoir divisé, on placerait une petite boule opaque à son centre, qu'on fixerait au moyen d'une tringle menue, ce qui est facile à concevoir; puis on placerait le globe de manière que le diamètre commun à tous ses méridiens fût parallèle à l'axe du monde.

Si le globe dont on se propose de faire un cadran est opaque, on procédera ainsi : On prendra un petit tube de matière opaque, on le fixera au centre d'une plaque portant trois pointes; la boule étant en place dans un lieu découvert, on posera au soleil levant, sur sa surface, le tube portant sur les trois pointes de la plaque, et on le tournera jusqu'à ce que le rayon solaire enfile son intérieur, et aille indiquer un point lumineux sur le globe; on marquera ce point; un moment après, on en marquera un autre de la même manière, et ainsi de suite jusqu'au soir; la trace de tous ces points déterminera un cercle parallèle, à l'équateur; et si l'opération se fait un jour d'équinoxe, le cercle tracé sera l'équateur même de la boule; il n'y aura plus qu'à diviser ces cercles, ou, pour mieux dire, ces demi-cercles, en douze parties égales, par lesquelles on fera passer autant de méridiens, et le cadran sera fait pour s'en servir. On fera toujours usage du petit tube.

Pour tracer les cadrans fixes ordinaires, on se sert d'un compas à verge (règle portant deux pointes, dont une mobile), d'un cercle divisé pour prendre la hauteur du pôle, déterminer l'inclinaison d'un mur, etc.

Les géomètres ne s'en rapportent pas entièrement aux méthodes graphiques pour tracer les lignes horaires ; ils ont recours, avec raison, aux théories de la trigonométrie.

Les cadrans portatifs sont, pour le plus souvent, accompagnés d'une boussole qui sert à les orienter, et toutefois ces instrumens sont loin d'être parfaits, par la raison que la direction de l'aiguille de la boussole est variable de sa nature ; d'ailleurs il suffit qu'il y ait, dans le voisinage du lieu où l'on consulte le cadran, une masse de fer pour produire des erreurs sur l'indication de l'aiguille. Au reste, les cadrans portatifs sont aujourd'hui peu communs, à cause peut-être du bas prix des montres.

La principale qualité des cadrans au soleil, c'est de servir à régler les horloges ; mais il est essentiel de savoir qu'une horloge qui marche bien ne

doit se trouver d'accord avec le cadran
que quatre fois dans l'année : en avril,
juin, août et décembre.

Pour bien régler une horloge, il faut
faire usage de la table qui est à la fin
de l'ouvrage.

6.

CHAPITRE XXIII.

CADRANS AU SOLEIL QUI SONNENT L'HEURE DE MIDI.

—

On sait que les verres taillés en forme de lentille ont la propriété de concentrer les rayons du soleil sur un point, de sorte que si les dimensions, la courbure, etc., du verre sont convenables, la température est assez élevée au point de réunion des rayons pour enflammer la poudre à canon ; on construit donc des appareils qui annoncent l'heure de midi par l'explosion d'un petit canon ; mais, outre que ces instrumens sont toujours coûteux, on est obligé de faire souvent de nouvelles dépenses de poudre.

Pour remédier à ces inconvéniens, M. l'abbé Galais, vicaire de Neauphle-le-Vieux, près de Pont-Chartrain, se donna, en 1784, les avantages d'un méridien sonnant, à très-bon marché ; il prit une lentille de verre de grandeur convenable, et il la disposa de façon qu'un fil, qui retenait un marteau levé, était brûlé toutes les fois que, par un ciel sans nuages, le soleil parvenait au méridien ; alors le marteau frappait sur un timbre, et annonçait l'heure de midi à M. l'abbé et à tous ses voisins. Il suffisait de renouer le fil pour que le marteau sonnât midi le jour suivant.

Avec un peu de sagacité, on pourra facilement mettre à profit l'invention de M. Galais.

CHAPITRE XXIV.

MOYEN DE FAIRE MARQUER LES JOURS DE LA SEMAINE, DES MOIS, A UNE HORLOGE A POIDS.

Supposons que l'horloge marche huit jours sans avoir besoin d'être remontée. On placera dans la boîte une règle un peu large, et après avoir monté l'horloge, on notera sur cette règle le point qui répondra à l'extrémité inférieure du poids. Le huitième jour, avant de remonter l'horloge, on notera encore sur la règle le point qui répondra à la même partie du poids.

Cela fait, on divisera la longueur de la règle comprise entre les deux points notés, en huit parties égales, sur chacune desquelles on écrira les noms des jours de la semaine dans l'ordre naturel ; le poids, descendant d'un mouvement uniforme, répondra successivement aux noms *lundi, mardi,* etc.

La huitième division portera le même nom que la première ; mais comme il faudra remonter l'horloge ce jour-là, le poids, étant amené vis-à-vis la première division, continuera à indiquer les jours dans l'ordre convenable.

Pour faire marquer les jours du mois par une horloge allant huit jours seulement, on divisera la largeur de la règle en cinq parties égales.

La *figure* 16 offre un exemple de cette division, d'où résultent cinq bandes parallèles. Sur la dernière sont écrits les noms des jours de la semaine ; le quantième des mois est distribué en quatre divisions sur les autres colonnes, de manière que le dernier chiffre de la première colonne se trouve écrit en tête de la seconde, etc.

Le poids de l'horloge portera une cheville dont la direction sera horizontale, elle coulera à frottement doux, afin qu'on puisse la faire avancer et reculer à volonté.

Supposons maintenant que le premier du mois est un lundi, on montera l'horloge ce jour-là, et l'on tirera la cheville jusqu'à ce que sa pointe arrive sur le chiffre 1 de la première colonne, et pendant huit jours, le poids indiquera le jour de la semaine et le quantième du mois. Quand on remontera l'horloge, on fera avancer la cheville afin que sa pointe réponde à la seconde colonne du quantième des mois, et ainsi de suite.

Mais dans tous les cas, il serait plus

commode de rendre mobile et indépen-
dante la planchette qui portera les
noms des jours de la semaine.

CHAPITRE XXV.

MANIÈRE DE S'ASSURER SI UNE HORLOGE PORTATIVE DOIT MARCHER RÉGULIÈREMENT.

—

Les pendules, en général, qui sont construites avec quelque soin, marchent bien, pourvu cependant qu'elles soient réglées à propos ; mais il n'en est pas ainsi, à beaucoup près, des horloges portatives, telles que les montres ; ces machines étant sujettes à changer de position, il n'est pas étonnant que leur marche soit irrégulière ; d'ailleurs, comme elles sont modérées par un balancier, le passage du froid au chaud, du sec à l'humide, peut accélérer ou retarder le mouvement du rouage.

Une bonne montre serait donc celle qui marcherait constamment avec la même vitesse, étant en repos ou en mouvement, suspendue dans tous les sens, ou placée dans un lieu chaud, froid, sec, humide, etc.

Lorsqu'on voudra donc éprouver une montre, on changera sa position de vingt-quatre heures en vingt-quatre heures, pendant une huitaine de jours, et si sa marche est toujours la même pendant chaque période de temps, on pourra la considérer comme excellente ; mais il ne faut pas s'attendre à trouver une horloge portative qui ait absolument cette qualité ; les épreuves que nous conseillons serviront seulement à faire distinguer les moins mauvaises.

CHAPITRE XXVI.

TEMPS MOYEN ET TEMPS VRAI (1).

—

Les astronomes distinguent deux sortes de temps, ou plutôt deux manières de mesurer le temps. Ils appellent temps *moyen,* celui qui est mesuré par une horloge bien réglée et qu'ils supposent invariable dans son mouvement. Le temps moyen est encore indiqué par le mouvement des étoiles fixes autour de la terre.

Le temps moyen est invariable.

Le temps qu'on est convenu d'appe-

(1) Voir page 73 et suiv.

ler *vrai*, est mesuré par le mouvement du soleil ; comme ce mouvement, ainsi que nous l'avons démontré ci-dessus, est variable, il s'ensuit que le temps vrai doit souvent différer du temps moyen, c'est-à-dire que lorsqu'il est midi au soleil, moment indiqué par les cadrans solaires ou par l'explosion des canons disposés à cet effet, il est midi, plus ou moins quelques minutes, quelques secondes, aux horloges ; cette différence variable qui existe entre le temps vrai et le temps moyen, est ce qu'on appelle *équation*. L'équation est la quantité de minutes, de secondes qu'il faudrait ajouter ou retrancher pour que le temps vrai fût égal au temps moyen.

Quatre fois dans l'année il est midi aux horloges lorsqu'il est midi au soleil, à peu de choses près : cela arrive vers le 25 décembre, vers la mi-avril, la mi-juin et la fin d'août.

Le plus grand écart, qui est de 16 minutes 17 secondes, a lieu vers le 3 ou le 4 novembre. La pendule doit retarder alors de cette quantité sur le soleil. A partir de cette époque le mouvement du soleil se ralentit progressivement jusqu'au 25 décembre; à partir de ce jour la pendule commence à le devancer à son tour jusqu'au 15 avril; elle retarde à partir de cette époque jusqu'à la mi-juin, pour avancer ensuite jusqu'au 31 août, puis elle retarde jusqu'au 24 décembre. En février, la pendule avance de 14 minutes 34 secondes sur le soleil. Ajoutant cette différence en plus avec la différence 16 minutes 17 secondes qui est en moins, on trouve pour différence totale 30 minutes 51 secondes, plus d'une demi-heure.

—

CHAPITRE XXVII.

DES TABLES D'ÉQUATION DES TEMPS VRAI ET MOYEN, ET DE LA MANIÈRE DE S'EN SERVIR.

—

Les tables *d'équation des temps vrai et moyen* donnent jour pour jour l'heure que doit marquer l'horloge quand il est midi au soleil. Ces tables sont dressées, avec beaucoup de soin, tous les ans, par des astronomes habiles. Quant à la manière de s'en servir, elle est extrêmement facile.

Supposons qu'il fût demandé de régler une horloge au soleil, le 4 juin 1835. Pour satisfaire à cette question, je regarde dans la table, pag. 130, le nombre de minutes et de secondes dont l'horloge doit différer de la marche du soleil à midi, et je trouve qu'elle doit avancer de 2 minutes 10 secondes quand il est midi au soleil ; dans le cas où elle avancerait ou retarderait de quelques minutes et secondes de plus, il faudrait la retarder ou l'avancer pour lui faire marquer 11 heures 57 minutes 50 secondes.

Le lendemain, 5 du même mois, l'horloge devrait marquer 11 heures 50 minutes 0 seconde, quand le cadran solaire indiquerait midi. Cet exemple suffit pour faire comprendre la manière de se servir des tables pour tous les jours de l'année.

CHAPITRE XXVIII.

RÉGLER L'HORLOGE A TOUTE AUTRE HEURE QU'A MIDI.

—

Les tables sont calculées pour l'heure de midi, mais on peut s'en servir à toutes les autres heures de la journée, pourvu que l'on ait à sa disposition un cadran solaire, en raisonnant et se conduisant ainsi qu'il suit :

La variation, en plus ou en moins, qui a lieu d'un midi à un autre dans l'équation des temps, peut être considérée comme croissant ou décroissant de la même quantité pour chaque heure ; du 4 au 5 janvier 1835 (*voir* la table,

page 125), l'équation a varié de 5 minutes 7 secondes à 5 minutes 34 secondes, c'est-à-dire qu'elle a augmenté
en 24 heures de 27 secöndes, et par
conséquent de la vingt-quatrième partie
de 27 secondes, ou de 1 seconde $\frac{1}{8}$ par
heure. S'il était demandé de régler
l'horloge à huit heures du matin, on
retrancherait 4 fois 1 seconde $\frac{1}{8}$ de l'é-
quation, 5 minutes 34 secondes, parce
que de 8 heures à midi il y a encore 4
heures pendant lesquelles l'équation
doit croître de 4 fois 1 seconde $\frac{1}{8}$ ou de
4 secondes $\frac{1}{2}$: il faudrait donc que l'horloge marquât huit heures 5 minutes
29 secondes $\frac{1}{2}$ quand le cadran solaire
indiquerait 8 heures du matin.

On se conduirait d'une manière semblable pour régler l'horloge à une
heure de l'après-midi, alors il faudrait
ajouter à l'équation indiquée dans la
table, le 5 janvier, autant de fois 1 seconde $\frac{1}{8}$ qu'il se serait écoulé d'heures

depuis midi : à trois heures, par exemple, l'horloge devrait marquer 3 heures 5 minutes 37 secondes $\frac{1}{8}$.

CHAPITRE XXIX.

MANIÈRE DE SE SERVIR DE LA MÊME TABLE PENDANT PLUSIEURS ANNÉES.

—

Les tables sont ordinairement calculées pour une seule année : on peut, il est vrai, se servir de la même sans commettre d'erreur trop considérable pendant plusieurs années ; mais nous allons indiquer un moyen fort simple pour réduire l'erreur à fort peu de chose ; malheureusement il nous serait impossible d'en exposer les raisons dans cet opuscule, cela nous mènerait trop loin, et d'ailleurs nous courrions le risque de n'être pas compris du plus grand nombre de nos lecteurs.

Lorsque l'année pour laquelle on voudra faire servir une table calculée pour une année précédente, sera bissextile, il faudra prendre pour les jours des mois de janvier et de février, l'équation douze heures plus tôt, ou, ce qui est la même chose, retrancher de l'équation de ce jour la moitié de l'accroissement que cette équation a pris depuis le jour précédent : des exemples rendront cette règle plus intelligible.

Au 2 janvier de l'année 1835, la table présente l'équation 4 minutes 11 secondes. On demande de trouver, à l'aide de la même table, l'équation du 2 janvier de l'année bissextile où l'on se trouvera. Pour satisfaire à cette question, on retranchera 3 minutes 42 secondes, équation du 1er janvier, de 4 minutes 11 secondes, équation du 2 du même mois ; la différence ou l'accroissement sera 29 secondes : on en prendra la moitié ou 14 secondes $\frac{1}{2}$, que l'on retranchera de 4 minutes 11 secondes, et le reste, 3 minutes 56 secondes $\frac{1}{2}$, sera à peu près l'équation du 2 janvier de l'année bisextile, à quelques secondes près.

Dans les autres mois de l'année bissextile, il faudra prendre l'équation 12 heures plus tard.

Dans les deux années qui suivent les bissextiles, il faut prendre l'équation 6 heures plus tard, ou, ce qui est la même chose, retrancher ou ajouter le quart de la différence, suivant que l'équation sera décroissante ou croissante.

Dans les deux années qui précèdent les bissextiles, il faut prendre l'équation 6 heures plus tôt.

Soit demandé de trouver sur les tables de 1835 l'équation du 2 janvier 1836; de l'équation 4 minutes 11 secondes du 2 janvier 1835, je retranche 3 minutes 42 secondes, équation du 1er, je prends le quart de la différence 29 secondes, et je retranche 7 secondes $\frac{1}{4}$ de 4 minutes 18 secondes.

TABLE D'ÉQUATION

DU TEMPS VRAI ET DU TEMPS MOYEN.

—

Cette table indique l'heure que l'horloge doit marquer quand il est midi au soleil ; au 1er janvier, par exemple, elle doit marquer 0 heure 3 minutes 42 secondes, ou midi 3 minutes 42 secondes, et le 1er juin 11 heures 57 minutes 22 secondes.

JANVIER.

Jours du mois.	TEMPS MOYEN au midi vrai.			Jours du mois.	TEMPS MOYEN au midi vrai.		
	Heures.	Minutes.	Secondes.		Heures.	Minutes.	Secondes.
1	0	3	42	17	0	10	19
2	0	4	11	18	0	10	38
3	0	4	39	19	0	10	57
4	0	5	7	20	0	11	15
5	0	5	34	21	0	11	33
6	0	6	1	22	0	11	49
7	0	6	27	23	0	12	5
8	0	6	53	24	0	12	20
9	0	7	18	25	0	12	35
10	0	7	43	26	0	12	48
11	0	8	7	27	0	13	1
12	0	8	31	28	0	13	13
13	0	8	54	29	0	13	24
14	0	9	16	30	0	13	35
15	0	9	37	31	0	13	44
16	0	9	58				

FÉVRIER.

Jours du mois.	Heures.	Minutes.	Secondes.	Jours du mois.	Heures.	Minutes.	Secondes.
	TEMPS MOYEN au midi vrai.				TEMPS MOYEN au midi vrai.		
1	0	13	53	15	0	14	28
2	0	14	1	16	0	14	25
3	0	14	8	17	0	14	21
4	0	14	14	18	0	14	16
5	0	14	19	19	0	14	10
6	0	14	24	20	0	14	4
7	0	14	27	21	0	13	58
8	0	14	30	22	0	13	50
9	0	14	32	23	0	13	42
10	0	14	34	24	0	13	34
11	0	14	34	25	0	13	25
12	0	14	34	26	0	13	15
13	0	14	33	27	0	13	5
14	0	14	31	28	0	12	54

MARS.

TEMPS MOYEN au midi vrai.				TEMPS MOYEN au midi vrai.			
Jours du mois.	Heures.	Minutes.	Secondes.	Jours du mois.	Heures.	Minutes.	Secondes.
1	0	12	42	17	0	8	41
2	0	12	30	18	0	8	23
3	0	12	18	19	0	8	5
4	0	12	5	20	0	7	47
5	0	11	52	21	0	7	29
6	0	11	38	22	0	7	11
7	0	11	24	23	0	6	52
8	0	11	9	24	0	6	34
9	0	10	54	25	0	6	16
10	0	10	38	26	0	5	57
11	0	10	22	27	0	5	39
12	0	10	6	28	0	5	20
13	0	9	50	29	0	5	2
14	0	9	33	30	0	4	43
15	0	9	16	31	0	4	25
16	0	8	58				

AVRIL.

Jours du mois.	Heures.	Minutes.	Secondes.	Jours du mois.	Heures.	Minutes.	Secondes.
	TEMPS MOYEN au midi vrai.				TEMPS MOYEN au midi vrai.		
1	0	4	7	16	11	59	53
2	0	3	49	17	11	59	38
3	0	3	30	18	11	59	24
4	0	3	12	19	11	59	10
5	0	2	55	20	11	58	57
6	0	2	37	21	11	58	44
7	0	2	20	22	11	58	31
8	0	2	2	23	11	58	19
9	0	1	45	24	11	58	8
10	0	1	28	25	11	57	56
11	0	1	12	26	11	57	46
12	0	0	55	27	11	57	36
13	0	0	39	28	11	57	26
14	0	0	23	29	11	57	17
15	0	0	8	30	11	57	8

MAI.

Jours du mois.	Heures.	Minutes.	Secondes.	Jours du mois.	Heures.	Minutes.	Secondes.
	TEMPS MOYEN au midi vrai.				TEMPS MOYEN au midi vrai.		
1	11	57	0	17	11	56	5
2	11	56	53	18	11	56	6
3	11	56	46	19	11	56	8
4	11	56	39	20	11	56	11
5	11	56	33	21	11	56	14
6	11	56	28	22	11	56	18
7	11	56	23	23	11	56	22
8	11	56	18	24	11	56	26
9	11	56	15	25	11	56	32
10	11	56	11	26	11	56	38
11	11	56	9	27	11	56	44
12	11	56	7	28	11	56	51
13	11	56	5	29	11	56	58
14	11	56	4	30	11	57	6
15	11	56	4	31	11	57	14
16	11	56	4				

JUIN.

Jours du mois.	TEMPS MOYEN au midi vrai.			Jours du mois	TEMPS MOYEN au midi vrai.		
	Heures.	Minutes.	Secondes.		Heures.	Minutes.	Secondes.
1	11	57	22	16	0	0	8
2	11	57	31	17	0	0	21
3	11	57	40	18	0	0	34
4	11	57	50	19	0	0	47
5	11	58	0	20	0	1	0
6	11	58	11	21	0	1	13
7	11	58	21	22	0	1	26
8	11	58	32	23	0	1	39
9	11	58	43	24	0	1	52
10	11	58	55	25	0	2	5
11	11	59	6	26	0	2	18
12	11	59	18	27	0	2	30
13	11	59	31	28	0	2	43
14	11	59	43	29	0	2	55
15	11	59	55	30	0	3	7

JUILLET.

Jours du mois.	Heures.	Minutes.	Secondes.	Jours du mois.	Heures.	Minutes.	Secondes.
	TEMPS MOYEN au midi vrai.				**TEMPS MOYEN au midi vrai.**		
1	0	3	19	17	0	5	42
2	0	3	31	18	0	5	47
3	0	3	42	19	0	5	52
4	0	3	53	20	0	5	56
5	0	4	4	21	0	6	0
6	0	4	15	22	0	6	3
7	0	4	25	23	0	6	6
8	0	4	34	24	0	6	8
9	0	4	44	25	0	6	9
10	0	4	52	26	0	6	10
11	0	5	1	27	0	6	10
12	0	5	9	28	0	6	10
13	0	5	16	29	0	6	9
14	0	5	24	30	0	6	8
15	0	5	30	31	0	6	5
16	0	5	36				

AOUT.

	TEMPS MOYEN au midi vrai.				TEMPS MOYEN au midi vrai.		
Jours du mois.	Heures.	Minutes.	Secondes.	Jours du mois.	Heures.	Minutes.	Secondes.
1	0	6	3	17	0	3	56
2	0	5	59	18	0	3	44
3	0	5	55	19	0	3	31
4	0	5	50	20	0	3	17
5	0	5	45	21	0	3	3
6	0	5	39	22	0	2	49
7	0	5	33	23	0	2	34
8	0	5	25	24	0	2	19
9	0	5	18	25	0	2	3
10	0	5	10	26	0	1	47
11	0	5	1	27	0	1	30
12	0	4	51	28	0	1	13
13	0	4	41	29	0	0	56
14	0	4	31	30	0	0	38
15	0	4	20	31	0	0	20
16	0	4	8				

SEPTEMBRE.

TEMPS MOYEN au midi vrai.

Jours du mois.	Heures.	Minutes.	Secondes.	Jours du mois.	Heures.	Minutes.	Secondes.
1	0	0	2	16	11	54	58
2	11	59	43	17	11	54	37
3	11	59	24	18	11	54	16
4	11	59	5	19	11	53	35
5	11	58	45	20	11	53	14
6	11	58	25	21	11	53	53
7	11	58	5	22	11	52	32
8	11	57	45	23	11	52	1
9	11	57	24	24	11	52	11
10	11	57	4	25	11	51	50
11	11	56	43	26	11	51	30
12	11	56	22	27	11	51	10
13	11	56	1	28	11	50	50
14	11	55	40	29	11	50	30
15	11	55	19	30	11	50	10

OCTOBRE.

Jours du mois.	Heures.	Minutes.	Secondes.	Jours du mois.	Heures.	Minutes.	Secondes.
1	11	49	51	17	11	45	32
2	11	49	32	18	11	45	20
3	11	49	13	19	11	45	9
4	11	48	54	20	11	44	59
5	11	48	36	21	11	44	49
6	11	48	18	22	11	44	39
7	11	48	1	23	11	44	31
8	11	47	44	24	11	44	23
9	11	47	27	25	11	44	16
10	11	47	11	26	11	44	9
11	11	46	55	27	11	44	3
12	11	46	40	28	11	43	58
13	11	46	26	29	11	43	54
14	11	46	11	30	11	43	50
15	11	45	58	31	11	43	47
16	11	45	45				

TEMPS MOYEN au midi vrai.

NOVEMBRE.

Jours du mois.	Heures.	Minutes.	Secondes.	Jours du mois.	Heures.	Minutes.	Secondes.
1	11	43	45	16	11	44	52
2	11	43	44	17	11	45	3
3	11	43	43	18	11	45	16
4	11	43	43	19	11	45	29
5	11	43	44	20	11	45	43
6	11	43	46	21	11	45	57
7	11	43	49	22	11	46	13
8	11	43	53	23	11	46	29
9	11	43	57	24	11	46	46
10	11	44	2	25	11	47	4
11	11	44	8	26	11	47	22
12	11	44	15	27	11	47	42
13	11	44	23	28	11	48	2
14	11	44	32	29	11	48	22
15	11	44	42	30	11	48	44

DÉCEMBRE.

Jours du mois.	TEMPS MOYEN au midi vrai.			Jours du mois.	TEMPS MOYEN au midi vrai.		
	Heures.	Minutes.	Secondes.		Heures.	Minutes.	Secondes.
1	11	49	6	17	11	56	9
2	11	49	28	18	11	56	39
3	11	49	51	19	11	57	9
4	11	50	15	20	11	57	39
5	11	50	40	21	11	58	9
6	11	51	5	22	11	58	39
7	11	51	30	23	11	59	9
8	11	51	56	24	11	59	39
9	11	52	23	25	0	0	9
10	11	52	50	26	0	0	39
11	11	53	17	27	0	1	9
12	11	53	45	28	0	1	39
13	11	54	13	29	0	2	8
14	11	54	42	30	0	2	37
15	11	55	11	31	0	3	6
16	11	55	40				

TABLE

DES MATIERES.

—

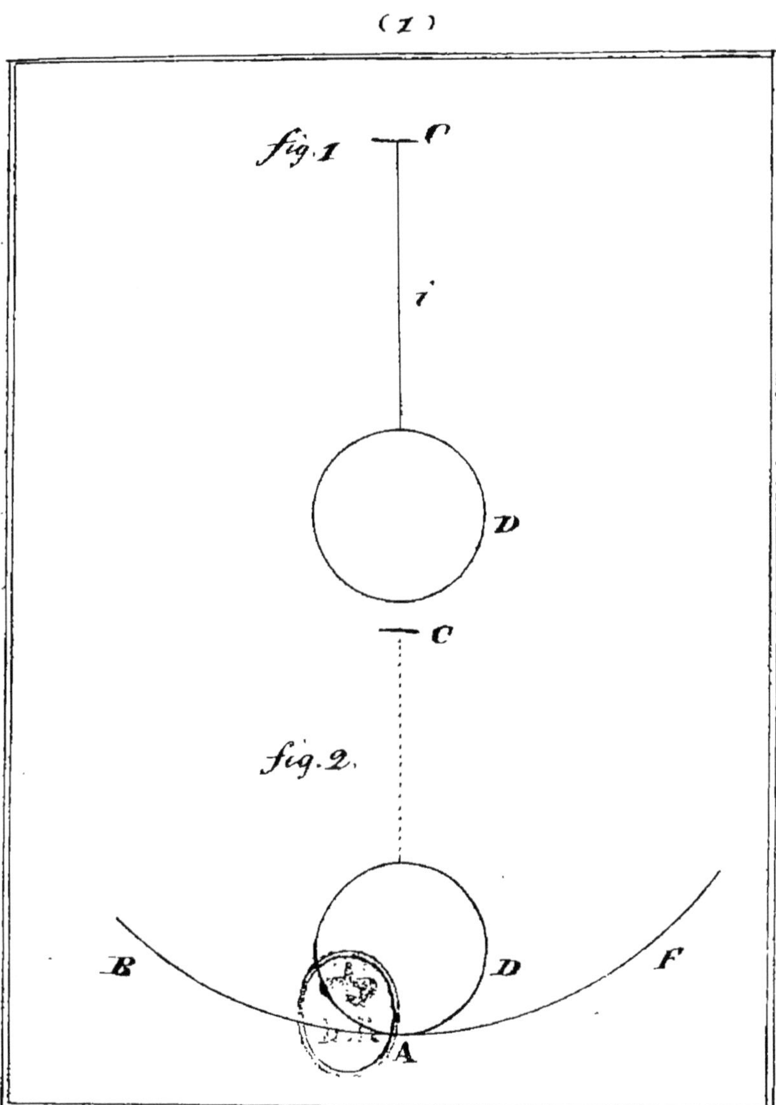
fig.1
C
i
D
C
fig.2
B
D
F
A

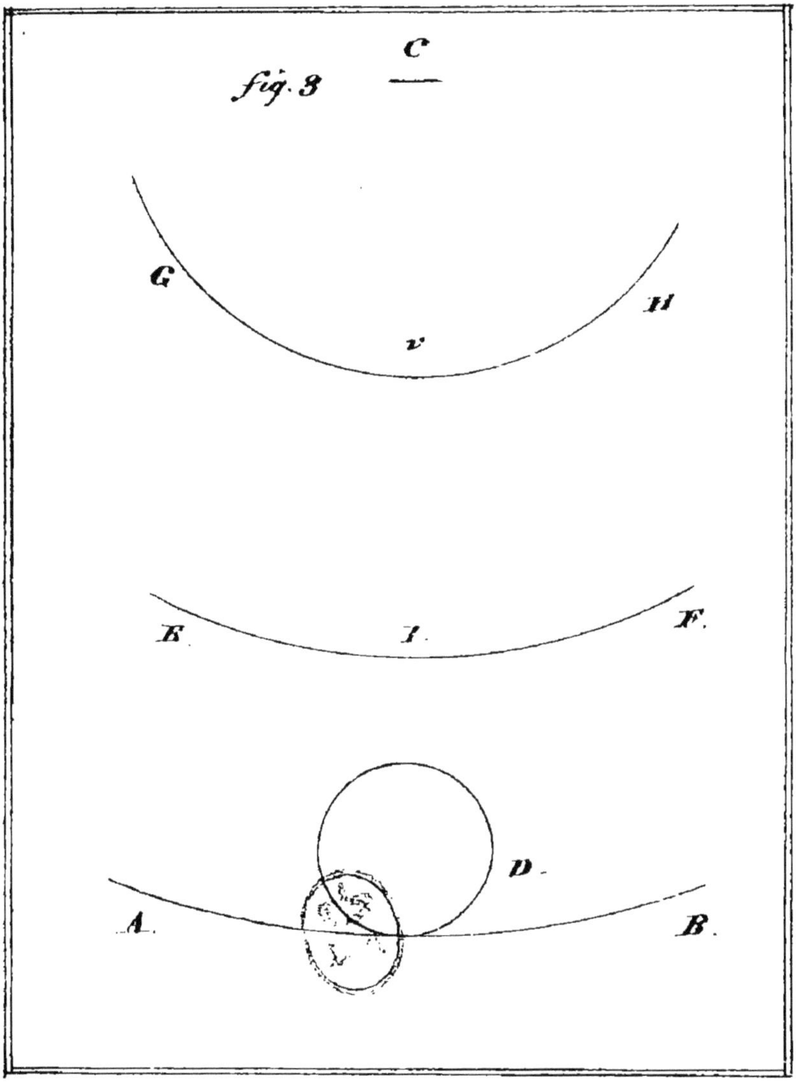

fig. 3
C
G
v
H
E
I
F
A
D
B

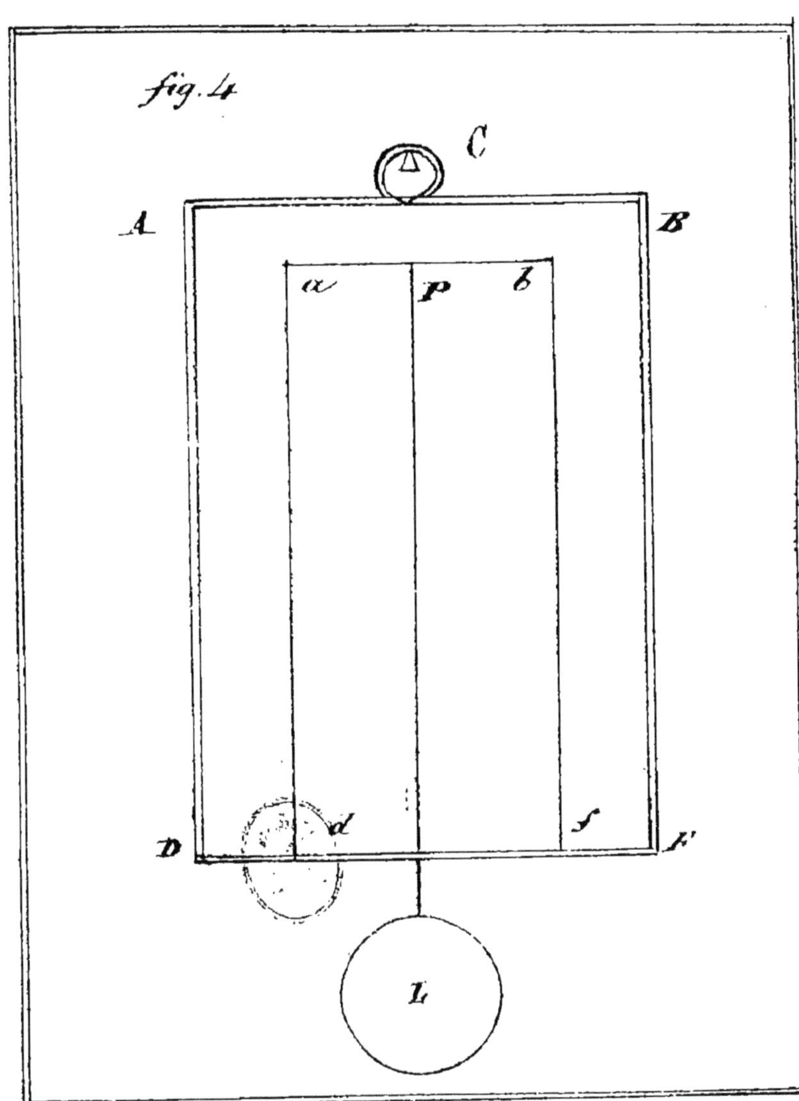

fig. 4
C
A
B
a
p
b
d
f
D
F
L

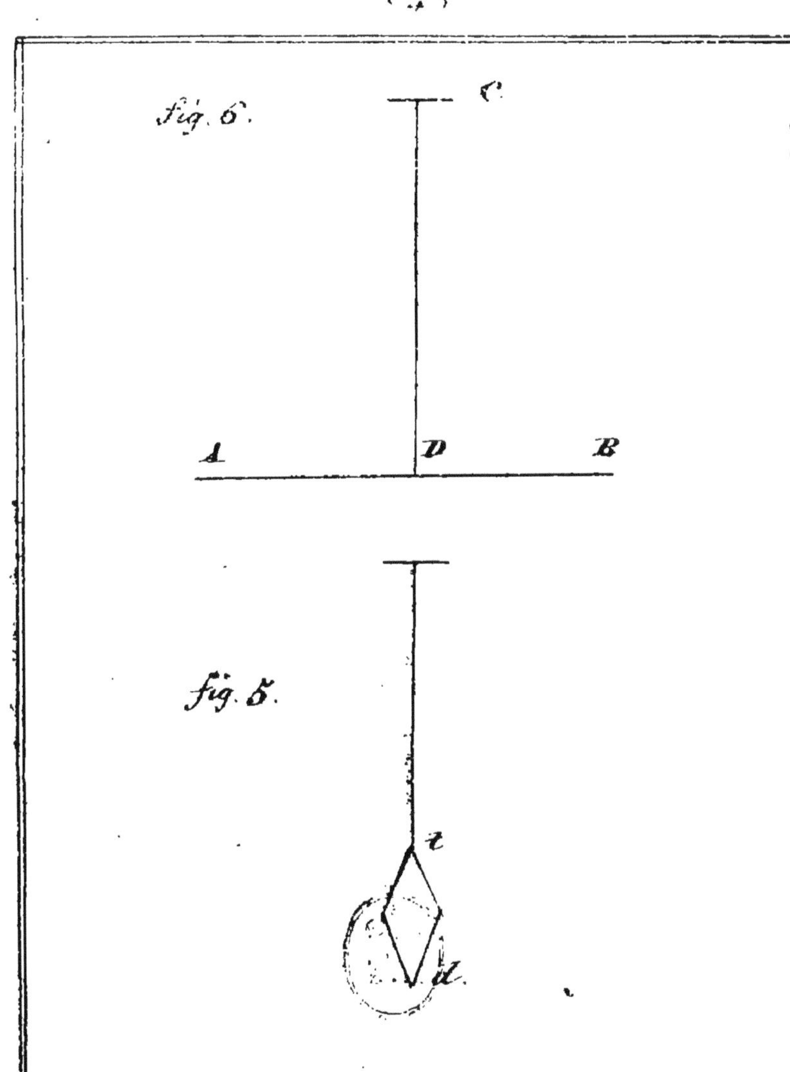
fig. 6.
C
A   D   B
fig. 5.
t
d

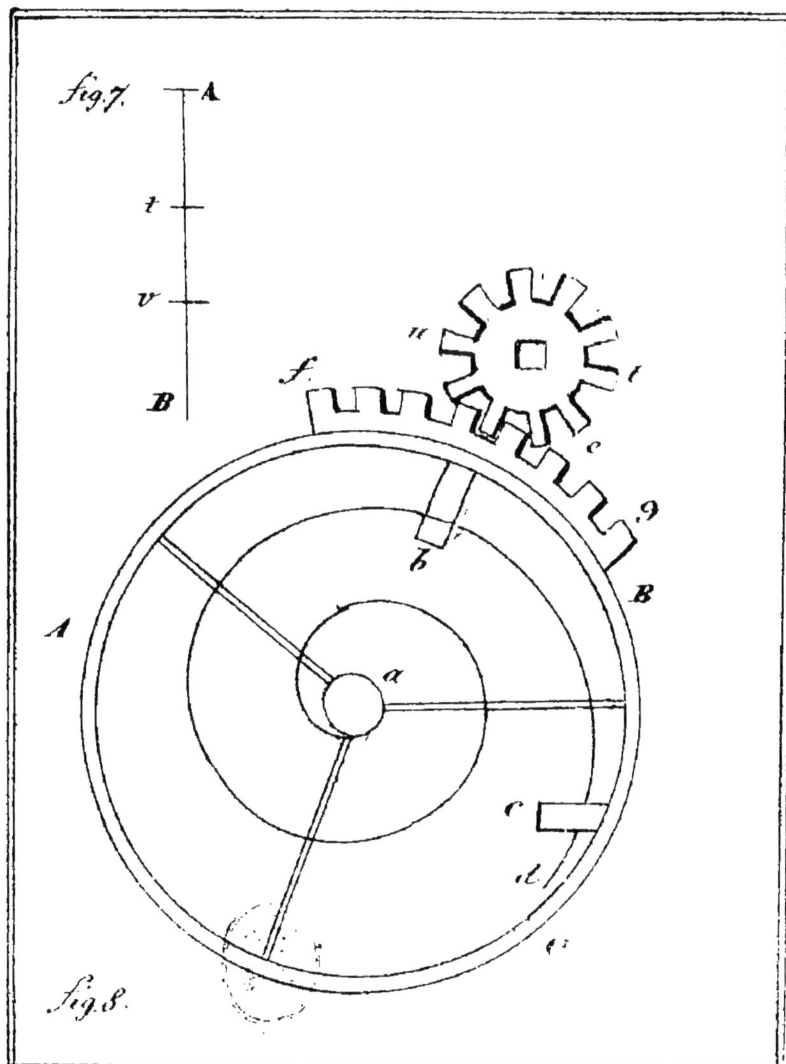

fig.7.
A
t
v
B
f
b
a
c
d
e
g
A
B
fig.8.

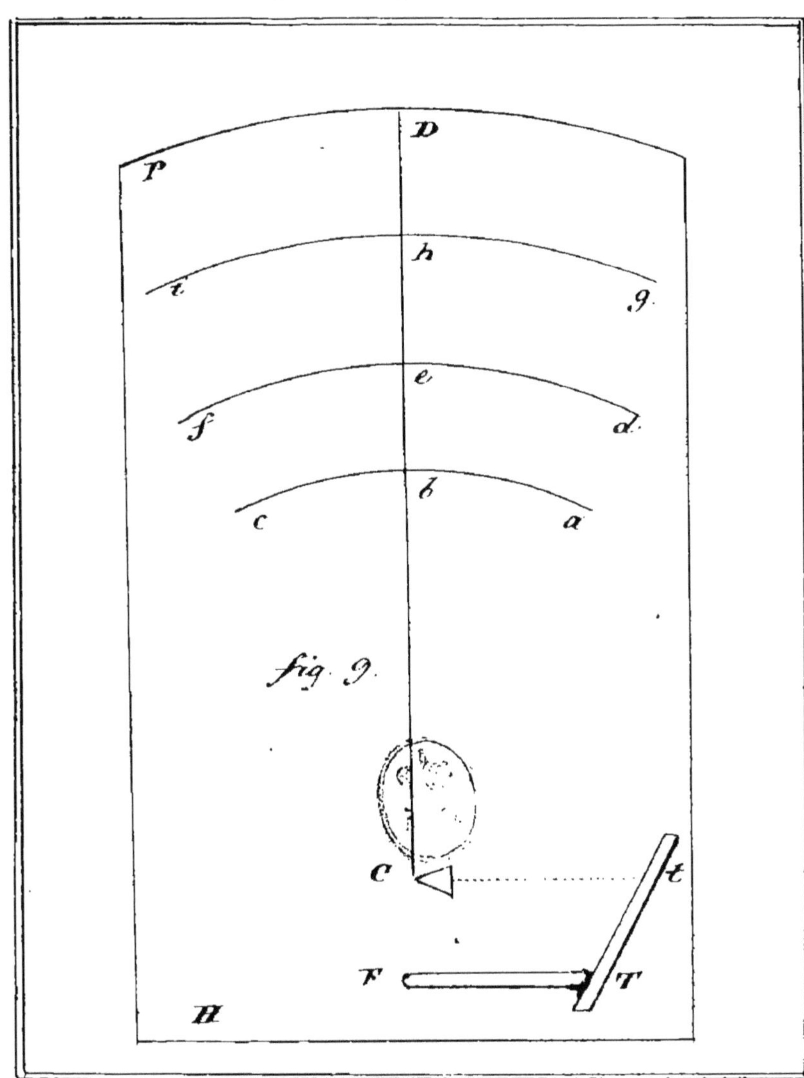
P
D
h
i
g
e
f
d
b
c
a
fig. 9
C
F
T
t
H

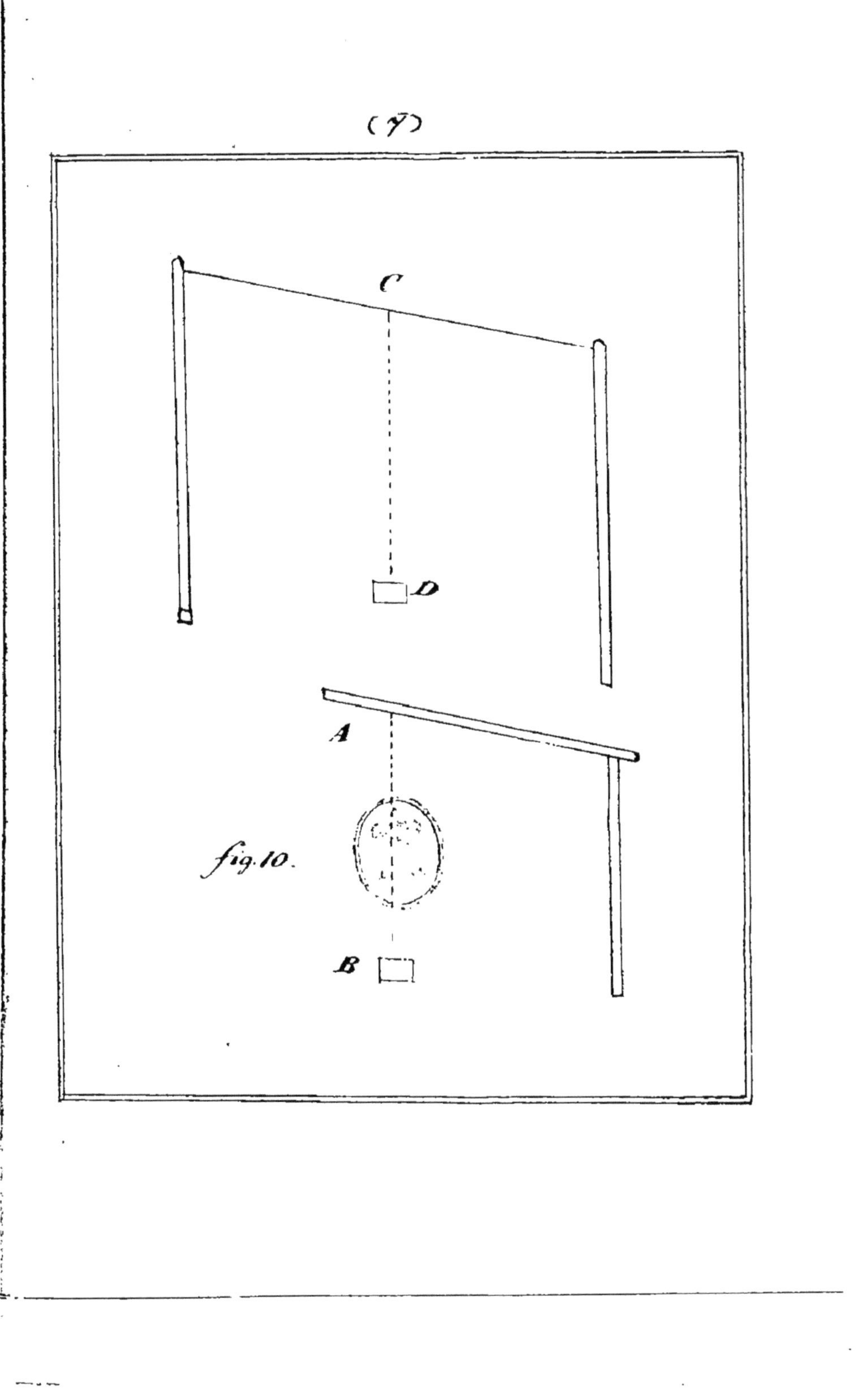
C
D
A
B
fig. 10.

Fig. 11
A
Pôle
petite Ourse
Grande Ourse

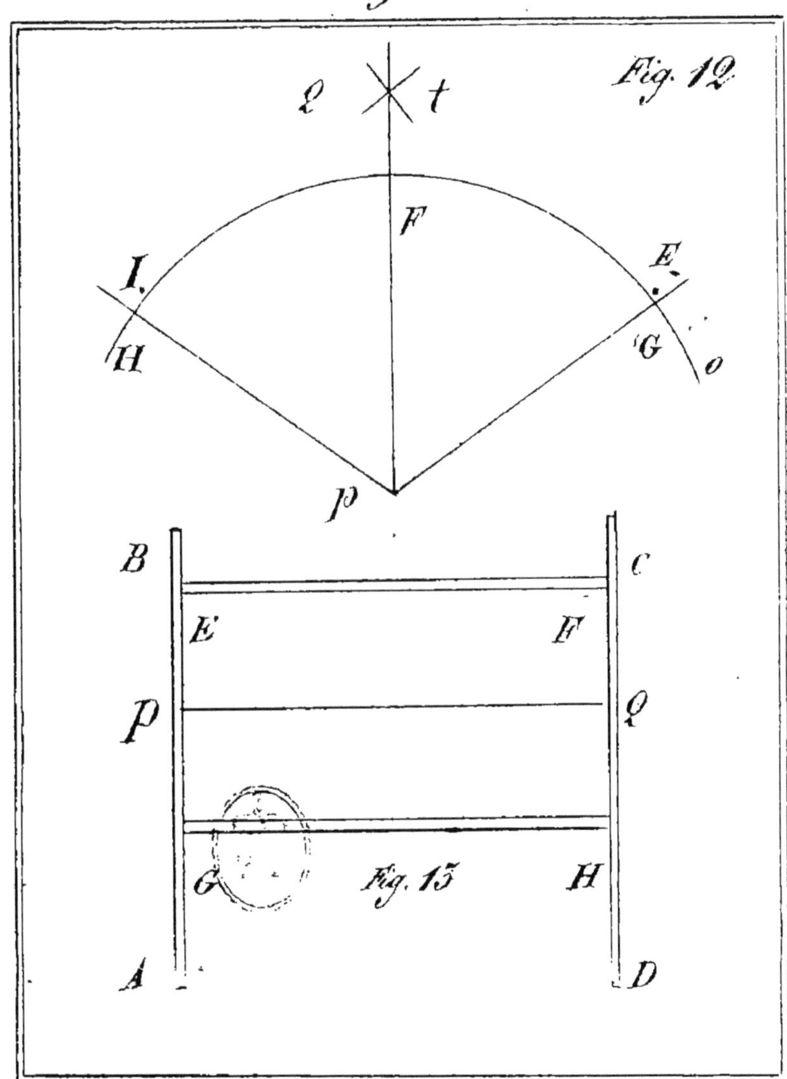

Fig. 12
Q t
F
I
E
H G o
P
B C
E F
P Q
G Fig. 13 H
A D

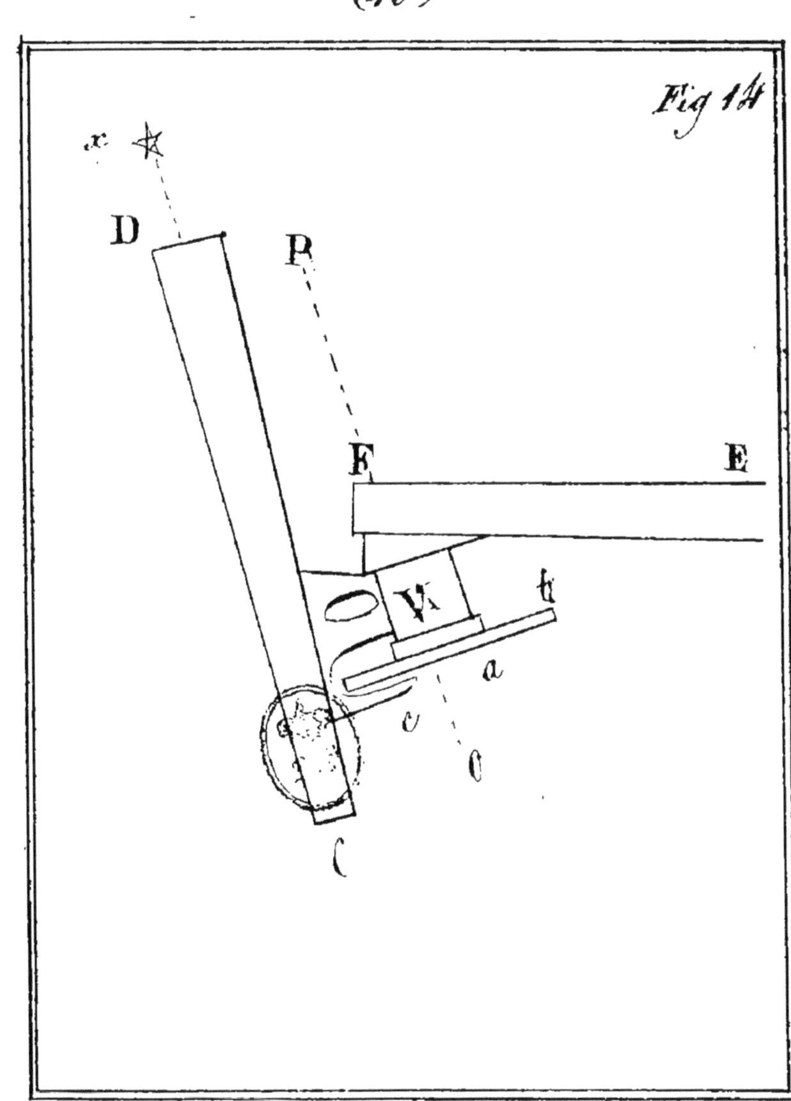
Fig 14
x
D
B
F
E
V
t
a
c
o
C

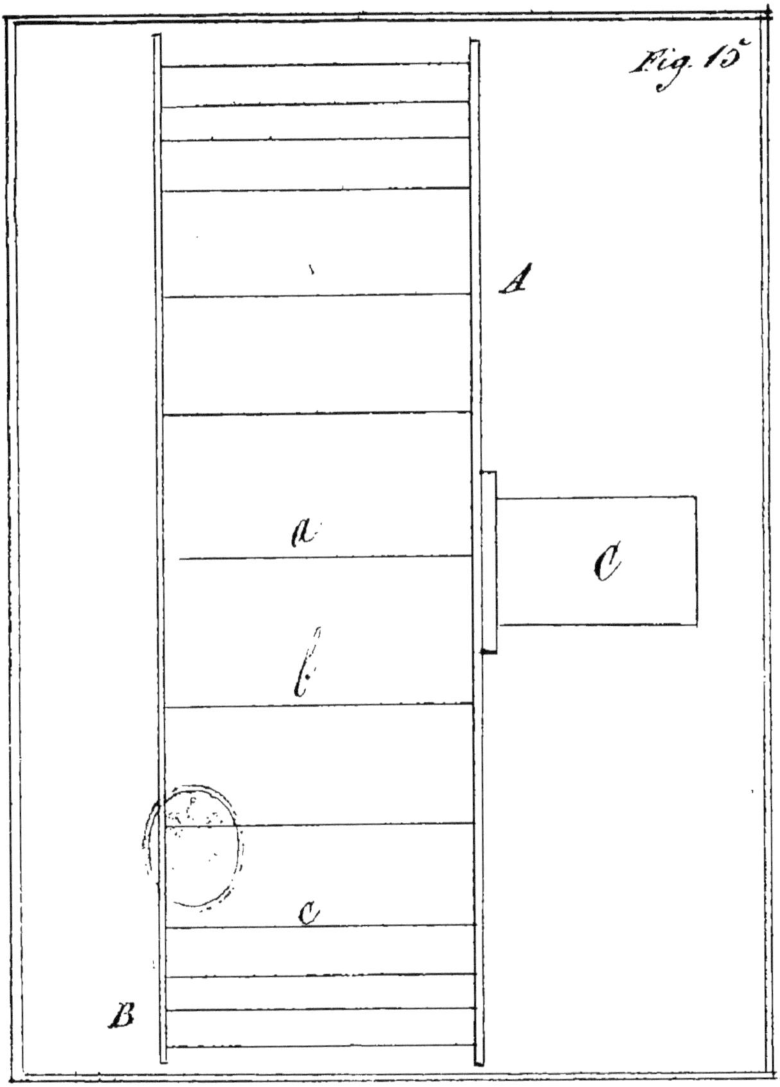

Fig. 15.
A
C
a
b
c
B

fig. 16.

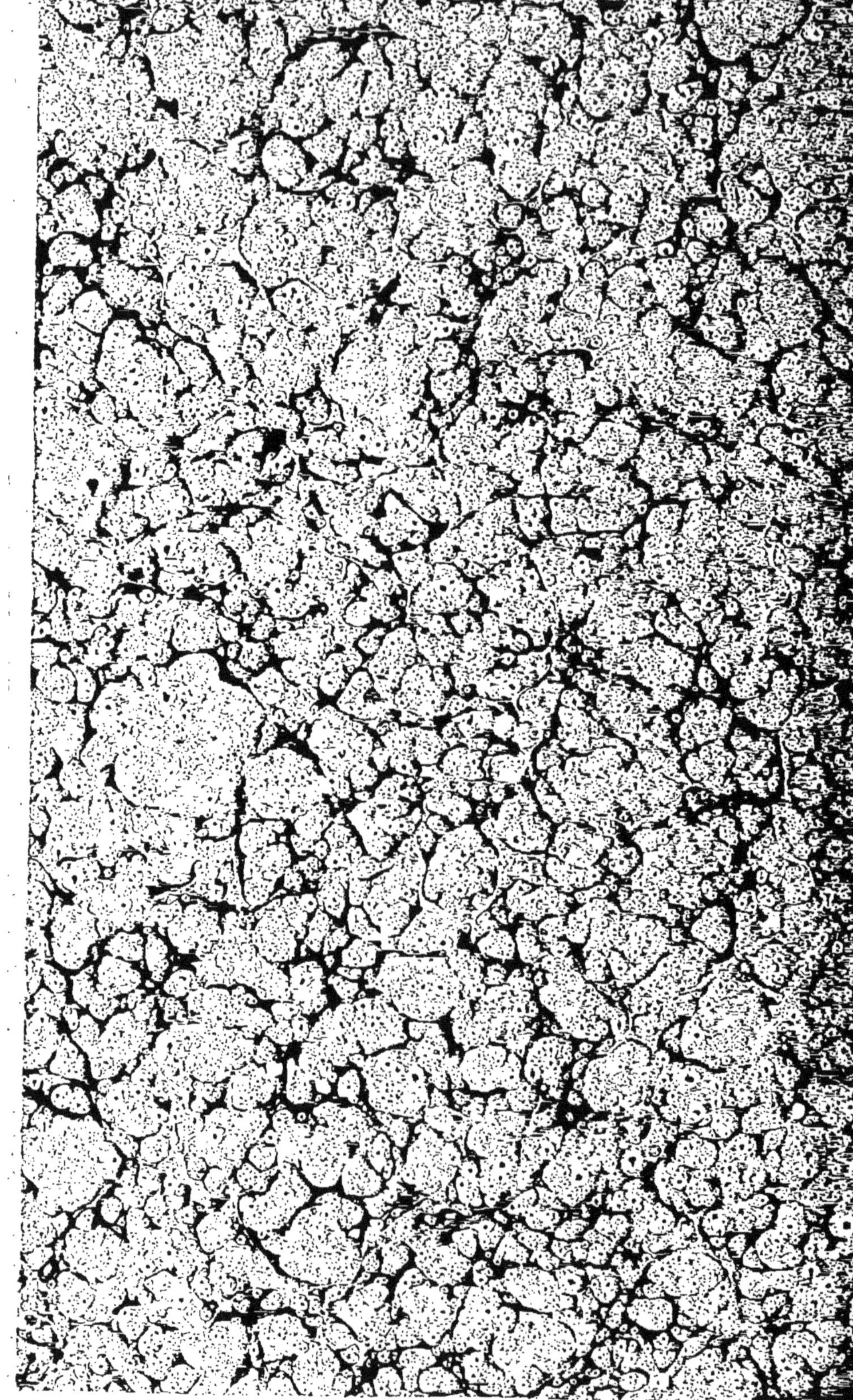

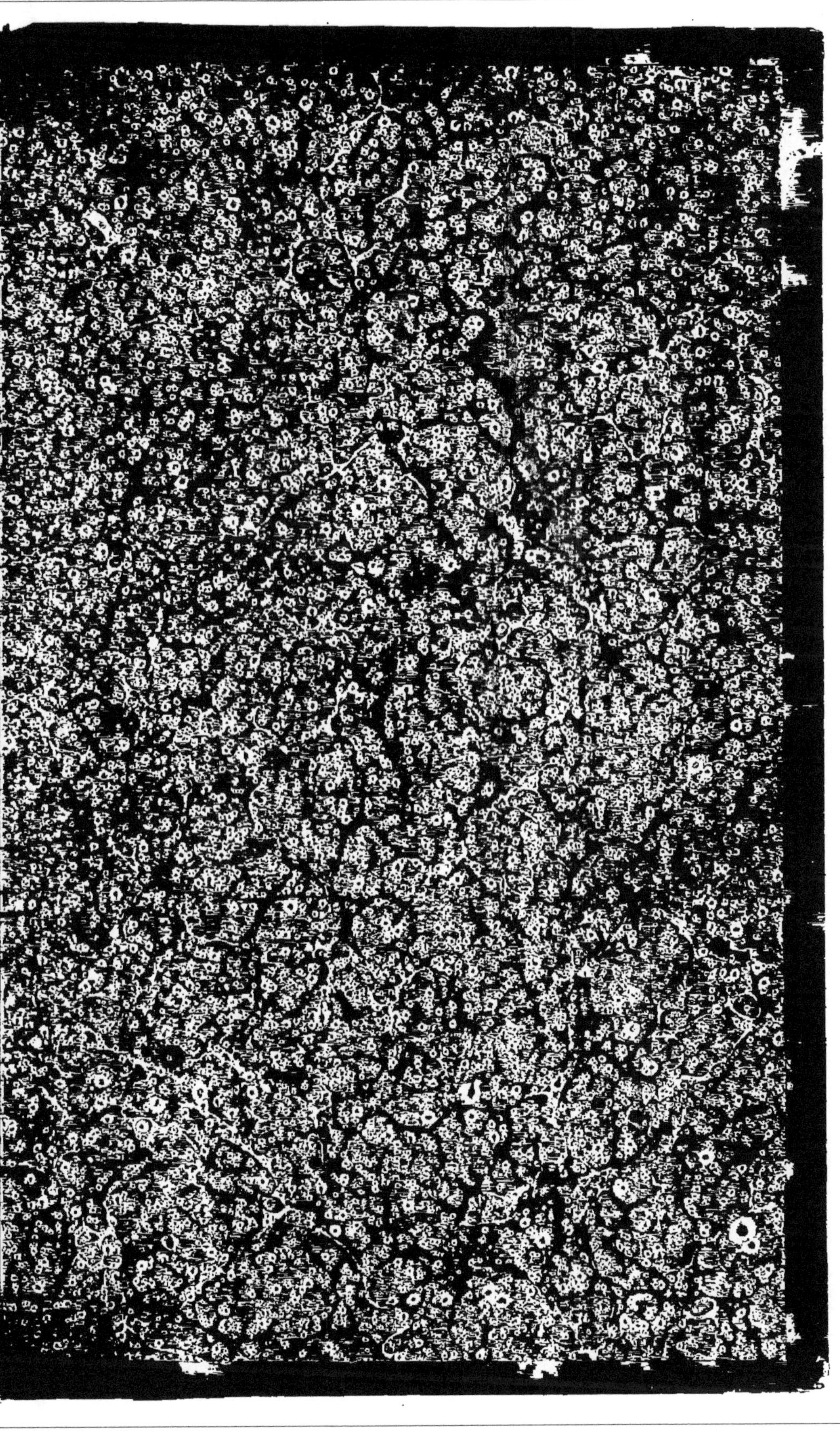

9 782014 430776